配电网自动化

胡　博　王荣茂　徐　森　宋卓然　孙　亮等　编著

科　学　出　版　社

北　京

内 容 简 介

本书围绕配电网自动化系统，详细阐述了配电网自动化过程中系统各部分的工作原理、作用以及需要解决的问题。本书共 7 章，分别介绍了配电网自动化的基本原理、各系统的主要功能、故障分析以及运行维护。本书讲解的技术原理准确且全面，有助于读者对配电网自动化系统的进一步了解。

本书可为电力系统及其自动化专业、能源动力专业等高等院校师生提供理论参考，也可作为从事调度控制、现场运行等工作人员的培训资料和专业参考书。

图书在版编目（CIP）数据

配电网自动化/胡博等编著. —北京：科学出版社，2022.10

ISBN 978-7-03-073180-7

Ⅰ. ①配… Ⅱ. ①胡… Ⅲ. ①配电系统-自动化技术 Ⅳ. ①TM727

中国版本图书馆 CIP 数据核字（2022）第 168619 号

责任编辑：张海娜　李　策 / 责任校对：任苗苗

责任印制：吴兆东 / 封面设计：蓝正设计

科学出版社 出版

北京东黄城根北街 16 号

邮政编码：100717

http://www.sciencep.com

北京建宏印刷有限公司 印刷

科学出版社发行　各地新华书店经销

*

2022 年 10 月第　一　版　开本：720×1000　1/16

2023 年　2 月第二次印刷　印张：9

字数：179 000

定价：88.00 元

（如有印装质量问题，我社负责调换）

本书主要撰写人员

胡　博　王荣茂　徐　森　宋卓然　孙　亮
周桂平　赵苑竹　李青春　吕旭明　王顺江
杨　超　王　磊　崔　岩　郭　任　郭琳琅
黄笑伯　张宇时　李震宇　许小鹏　郭　菁
张　建　张　晔　李　斌　王　汀　郑善奇
史可鉴　夏　菲　梁晓赫　刘　楠　李　健
杜维春　蒯继鹏

前　言

随着国民经济的飞速发展，人民的生活水平和社会的发展水平有了显著的提高，随之而来的问题是在人们的生活及社会的生产中对用电量的需求与日俱增，引发了许多相关的用电问题。因此，合理地设计供电方案以提高供电效率、保障供电稳定性并能够及时发现和解决问题显得尤为重要。在此背景下，作为一种将计算机技术、网络技术与自动控制技术相结合的新型配电系统，配电网自动化系统因其具有降低投资成本、提高供电可靠性和电能质量、提高管理效率、提升用户满意度以及提高设备利用率等优点而得到广泛应用。与传统配电系统相比，配电网自动化系统包含更多的功能模块、更加复杂的系统结构，从而面临更加复杂的问题。因此，为了能够更好地掌握配电网自动化系统，充分发挥其优势，了解配电网自动化系统各个组成部分的特点、工作原理、可能出现的问题以及维护方法是十分必要且有实际意义的。

本书针对配电网自动化系统，为以上提到的内容进行详细说明，可为相关专业技术人员和高等院校相关专业师生提供参考，帮助读者熟练掌握配电网自动化系统的运行原理、故障检测以及运行维护等内容，提升对配电网自动化系统的理解。本书经过初稿撰写、修改、集中会审、送审、定稿、校稿等多个阶段，完成了统稿和出版工作。在此特别感谢国家重点研发计划项目“可再生能源与火力发电耦合集成与灵活运行控制技术”(2019YFB1505400)、辽宁省“兴辽英才计划”领军人才专项资金项目“基于能源大数据的用户用能行为分析与节能增值服务关键技术研究”(XLYC1902090)以及国家电网有限公司科技项目“含风热机组的分布式混合供能系统优化设计与运行控制关键技术研究及示范”(5400-202028125A-0-0-00)对本书的大力支持。本书介绍的关于配电网自动化系统的知识准确且全面，可为读者提供丰富的理论和技术支持。

限于作者水平，书中难免存在疏漏，请各位读者批评指正。

作　者

2022 年 4 月

目　　录

第 1 章　配电网自动化概述

1.1　配电网简介

1.1.1　配电网的基本概念

配电网(distribution network，DN)是指从输电网或地区发电厂接收电能，通过配电设备给各类用户进行配电的电力网。电力系统结构示意图如图 1.1 所示。

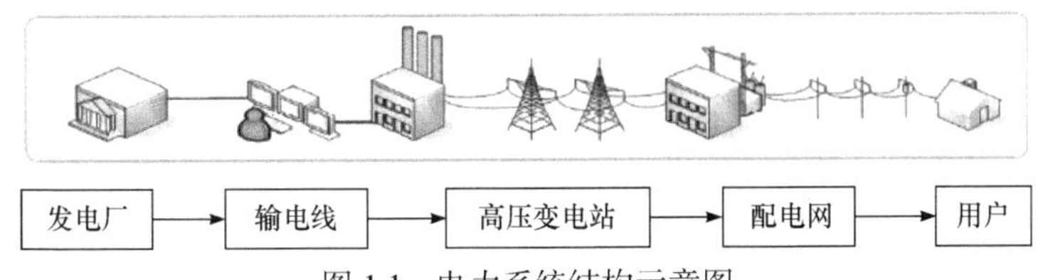

图 1.1　电力系统结构示意图

DN 通常由架空线或电缆、断路器、降压变压器和各种开关组成，其作为电力系统的末端，是直接面向电力用户的环节，在网络运行中受用户的影响较大。DN 具有中性点不直接接地、输电功率较小、输送距离较短、负荷集中且对用户类型要求较高等特点。

1.1.2　配电网的接线方式

如图 1.2 所示，DN 的接线方式主要分为辐射式、树状式、环状式以及网格式等。接线方式直接影响线路的供电能力，因此在 DN 的建设中需要注意对接线方式进行合理的规划。

1.1.3　配电网的运行方式

受电力负荷的不稳定性和多种因素的干扰，DN 的供电可靠性很难保证。因此，将 DN 的运行方式分为正常运行、故障运行和检修状态三种。在实际运行中，可根据网络的运行状态和电网的实际负荷状态来调整和优化运行方式。

DN 的运行形式包括开环运行和闭环运行两种[1]。闭环运行有利于提高供电可靠性和经济性，但同时也会使继电保护更为复杂。对于双电源供电网络，受环流的影响，应采用开环供电系统，以减少供电线路的能量损耗。

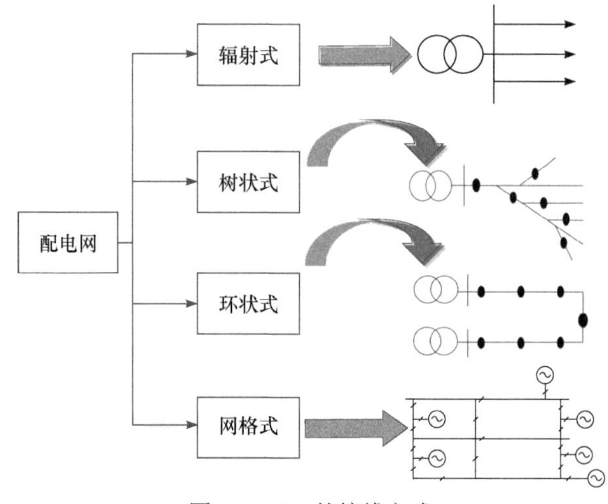

图 1.2　DN 的接线方式

1.2　配电网自动化的基本原理

1.2.1　配电网自动化简介

配电网自动化即采用计算机网络技术、现代电子技术和通信技术，通过对在线和离线数据、地理图形信息和电网结构进行集成，提高配电系统的稳定性和供电可靠性。

采用配电管理系统(distribution management system，DMS)可以对配电网进行全面的自动化管理。DMS 包括需求侧管理(demand side management，DSM)系统、地理信息系统(geographic information system，GIS)、数据采集与监控(supervisory control and data acquisition，SCADA)系统、高级应用(advanced application，AP)系统、呼叫服务系统、调度员调度仿真和工作管理系统。其中，最重要的支撑技术是 SCADA 系统和 GIS。

利用 SCADA 系统可以获取配电网的实时运行状态。馈线自动化(feeder automation，FA)系统是 SCADA 系统的重要组成部分，其具有数据采集、数据处理与传输、故障诊断、负载检测等功能，是对设备进行监控的综合自动化系统。目前，配电网自动化终端(简称配电终端)主要包括数据传输单元(data transfer unit，DTU)、馈线终端单元(feeder terminal unit，FTU)、变压器终端单元(transformer terminal unit，TTU)、远程终端单元(remote terminal unit，RTU)和站控终端单元。上述配电终端设备必须放置在户外，工作条件较差，所以其制造困难、成本较高。GIS 可以将地理空间数据与计算机技术相结合，为用户提供直观的 DN 地理图形、各地变电站以及馈线的数据和信息，大大方便了对 DN 的管理。此外，GIS 还能将其提供的设备及空间信息与 SCADA 系统提供的设备实时运行状态信息相结合，从而实现更有效的管理。然而，目前 GIS 所采集的数据覆盖不全、不充分，与实际应用还有很大的差距。

配电网设备分布范围广，因此采集实时数据和监控网络运行状态都需要使用配电网自动化通信系统。其中，有线通信技术主要包括光纤通信技术和电力线通信(power line communication，PLC)技术等；无线通信技术主要包括通用分组无线服务(general packet radio service，GPRS)通信技术、码分多址(code division multiple access，CDMA)通信技术、第三代移动通信技术(3rd generation mobile networks，3G)、第四代移动通信技术(4th generation mobile networks，4G)、第五代移动通信技术(5th generation mobile networks，5G)等。

DMS 与输电网自动化的能量管理系统(energy management system，EMS)是目标不同但处于同一层次的两个系统，两者的区别如图 1.3 所示，两者的软件关系如图 1.4 所示。

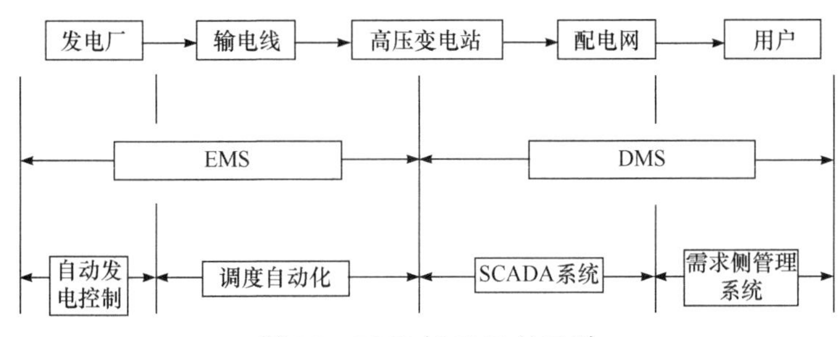

图 1.3　DMS 与 EMS 的区别

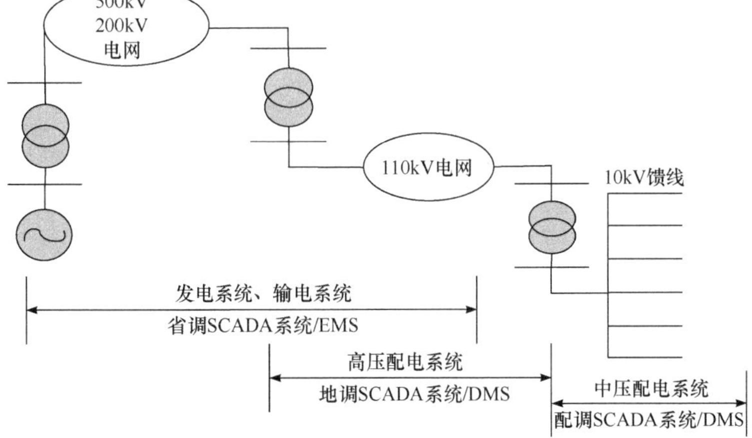

图 1.4　DMS 与 EMS 的软件关系

1.2.2　配电网自动化建设

我国DN的电压等级分为高压配电电压(110kV、63kV和35kV)、中压配电电压(10kV)和低压配电电压(380V、220V)[2]。配电网自动化的集中控制模式主要应用于框架强、通信水平低的DN，分布式控制模式主要应用于故障的自动识别和隔离。

为提高电网的运行效率和供电质量，满足用户需求，应根据当地DN的现状和发展要求分阶段对配电网自动化进行建设。同时，应根据配电网自动化的实际情况统一规划区域DN，以达到经济、可靠、实用的目标。

目前，配电网自动化系统主要包括以下五种类型。

1. 简易型配电网自动化系统

简易型配电网自动化系统是在人工现场通过观察故障指示器的颜色进行故障判断，可以独立工作，无需配电网自动化主站系统(简称配电主站)和配电网自动化通信系统，操作简单、投资少、维护成本低，但不能进行实时检测。

2. 实用型配电网自动化系统

实用型配电网自动化系统是通过多种通信手段，对配电设备进行实时监测。配电主站具有SCADA功能，可以采集、监测配电变压器等重要设备的数据。该系统的结构和控制功能简单，投资少且实用性强。

3. 标准型配电网自动化系统

标准型配电网自动化系统增加了馈线自动化功能，主要为DN提供调度服务。该系统结构更加完整、实时功能更加完善、自动化程度更高，但工程造价也更高。

4. 集成型配电网自动化系统

集成型配电网自动化系统主要通过综合数据平台或信息总线交换技术，实现生产经营、电力营销管理、配电网信息集成、配电网自动化系统应用功能扩展以及配电调度。该系统为供电企业提供辅助决策服务，实现对安全经济指标的综合分析，其结构和功能完善、方式灵活，但工程造价高。

5. 智能型配电网自动化系统

智能型配电网自动化系统包括微网、储能装置和分布式电源(distributed generation，DG)等设备，还包括智能用电互动系统、馈线自动化自愈系统、输电网协同调度以及智能能量管理分析软件等。该系统运行方式灵活，且能满足清洁能源接入的要求，可以更好地创造效益。

上述五种模式可以自由地进行转化与升级，供电企业可以根据需求和自身特点选用合适的类型。

1.2.3　配电网自动化技术在电力系统中应用的意义

配电网自动化是电力系统自动化发展的必然趋势，实现配电网自动化主要有以下几方面的意义[3-5]。

1. 降低投资成本

在 DN 中实现自动化，布线方式更加简单。在线路的维护过程中，通过对线路连接开关进行控制，可以对重要负荷进行转移，进而达到恢复供电的目的。配电网自动化建设在线路维护、停电时间和运行方式上比传统的 DN 具有更大的优势。

2. 提高供电可靠性和电能质量

一般来说，用户的供电停止主要原因是线路检修和设备故障。受接线方式的限制，DN 的故障预防能力一般较弱，因此需要全线停电，影响线路没有故障的地区。而具有自动化能力的 DN 能够精确隔离故障设备，在最短的时间内对故障进行隔离，以保障没有故障的线路可以快速恢复供电。

3. 提高管理效率

配电网自动化可以进一步扩大监控范围，改变传统配电系统中监控范围狭窄的问题，使工作人员能够实时监控整个电网，从而提高管理效率，对各种故障做出快速反应，实现高效管理。

4. 提升用户满意度

配电网自动化能及时确定故障位置、故障原因以及故障程度，对恢复供电时间进行预测，并能及时处理客户的报告和投诉，还可以制定抢修方案，及时恢复供电。

5. 提高配电设备的利用率

配电网自动化可以通过负荷监测和设备管理来提高设备的利用率。

1.3　配电网自动化的发展历史及其发展趋势

1.3.1　国外配电网自动化的发展历史

从 20 世纪 50 年代起，国外许多国家开始进行配电网自动化技术的研究，主要经历了以下三个阶段[6]。

第一阶段：20 世纪 50 年代中期至 70 年代中期，是基于自动化开关设备相互配合的馈线自动化系统阶段，该阶段的特点是使不同开关设备之间自动配合，实现故障自动隔离，并在没有任何通信系统和配电主站计算机系统的情况下提高区域电源的稳定性。50 年代，日本在馈线上安装了配电开关，自动识别故障并延迟关闭，实现故障区域的自动隔离。此外，日本还设计了具有自动故障诊断和隔离等功能的重合闸分段器，以保障非故障线路继续稳定运行。60 年代，日本又研发了多种长距离监控设备，可以实现远距离控制馈线的开与关。

第二阶段：20 世纪 70 年代末至 20 世纪末期，是以网络通信为基础，馈线终端单元与后台计算机网络结合的阶段。随着全球科技的飞速发展，各种远程监控设备和电力系统自动测量设备在配电网自动化系统中的应用，已逐步形成一种具有远程监控、故障隔离、负载管理以及自动控制等功能的配电网自动化技术。

第三阶段：20 世纪末至今，配电网自动化系统结合了配电网 GIS、停电管理系统以及故障呼叫服务和工作管理的集成系统。智能配电网自动化管理系统包括集成的变电站自动化系统、用户负载控制系统、远程抄表智能系统，具有 150 多种功能，可以达到配电网自动化的效果。

1.3.2　国内配电网自动化的发展历史

在我国，配电网自动化的发展大致分为三个时期。

第一时期：基于自动开关设备协作的配电网自动化阶段，配电网的主要功能是在发生故障时通过自动开关设备的配合实现故障隔离。该时期的自动化程度很低，只能在出现故障时工作，不能在正常运行中起监测作用，无法对运行方式进行优化。

第二时期：在通信网络基础上采用馈线终端单元配电网自动化系统和后台计算机网络相互结合的模式。在正常工作时，配电网可以起调控作用。与此同时，该模式能及时发现故障，相关工作人员可以进行相应的操作，使系统恢复稳定。

第三时期：在第二时期的基础上增加了一些新功能，形成了一个综合自动化系统，该系统集成了 DSM 系统、工作人员模拟调度系统、故障呼叫服务系统和工单管理系统等。近年来，负载控制、远程抄表、网络损耗优化、功率优化以及配电和功耗信息管理等综合管理技术也已经逐步部署。

图 1.5 为基于 GIS 的营配一体化应用体系结构，该结构充分考虑数据的可靠性，并对可靠性指标进行控制，以达到保障数据安全的目的。该结构包括营销及客服系统、配电网生产系统、配电网工程系统、配电网规划系统等，由计量自动

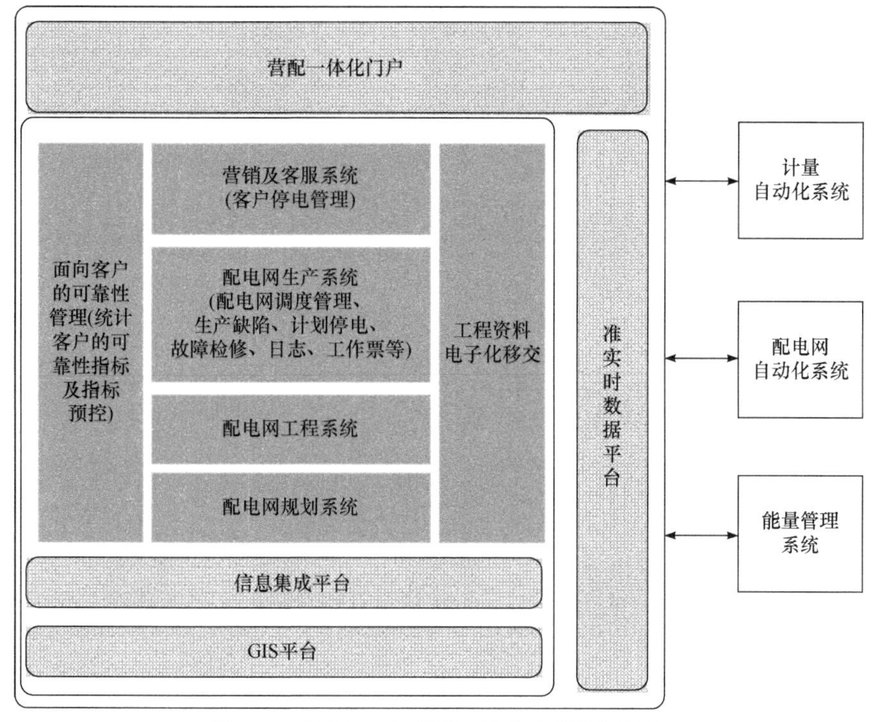

图 1.5　基于 GIS 的营配一体化应用体系结构

化系统、配电网自动化系统和能量管理系统构成的准实时数据平台能够实时准确地筛选收集到的数据。在上述功能的基础上搭建综合性的运输与销售门户网站，集中显示综合运输与营销信息，从而为配电网运营和信息技术提供支持。

1.3.3　配电网自动化的发展趋势

配电网自动化与智能配电网(smart distribution grid，SDG)相同，都是我国电力行业的重点发展对象，同时也是智能技术应用的关键。现代化电力系统发展面临更多的问题与挑战，如何处理好配电网自动化与智能配电网的关系、如何激发两者的应用价值、如何获取更多的发展优势，仍是不可小视的问题。在我国，高压配电网一般是由所属区域进行调控的，以实现电压的稳定运行，中压配电网、低压配电网多由馈线自动化系统进行调控。

配电自动化技术属于配电网自动化技术领域，通过比较智能配电网和配电网自动化，可以发现两者之间存在许多联系。如图 1.6 所示，配电网自动化的内容在智能配电网中有大量体现，同时也是智能配电网的重要组成部分，具有决定性的作用。但与配电网自动化相比，智能配电网有革命性的变化。

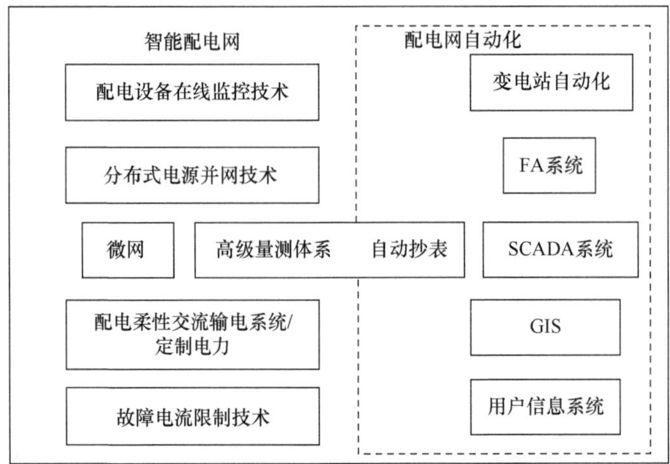

图 1.6　智能配电网与配电网自动化的内容示意图

1) 技术内容更加广泛

智能配电网涉及的领域非常广泛，是电力系统的新型应用模式，在配电领域、输电领域等多个领域都得到了应用。智能配电网有很多优点，如减少系统的投入和运营成本的同时，与其他系统设备有较好的容错率。智能配电网与分布式智能控制系统有效结合，可以提高电力系统的稳定性，减少对用户的影响。

2) 功能性更健全

智能配电网可以同时与多个分布式电源系统相结合，因此其性能得到了大幅提高，并支持大规模访问。与传统的配电网相比，电源的可靠性、电能的质量和利用效率均有全面提升。

3) 与用户互通

与传统的配电网技术相比，智能配电网可以实现与用户交互的功能。

从电力系统的长远发展与智能发展来看，智能配电网、配电网自动化二者缺一不可。随着市场结构的调整和经济环境的发展变化，节能化、低碳化发展成为主题。在这样的发展背景下，要深入剖析未来发展趋势，明确智能配电网和配电网自动化的未来发展方向，实现发展价值。

1) 认真对待智能化发展要求，加大技术创新力度

智能化发展是主要方向，无论是智能配电网，还是配电网自动化，都必须加大技术发展与智能发展创新力度。电力系统智能化发展期间，创新离不开新技术的开发与应用，充分利用载波通信技术，做到配电系统信息变化的及时掌握与统计发布，使智能配电网增加读取远程电表功能，时刻掌握用电信息与用户用电需求。实现配电网自动化技术的创新，并总结实际应用经验，做好信息处理工作，从中筛选出更多有价值的信息资源，从而为智能配电网的发展提供更多参考。科

学应用电力技术，搭配低压配电技术、数据分析技术、系统检测技术以及微处理技术，可以大大提高电力系统运行的安全性和电能质量。技术创新与升级还能够进一步解决供电量需求变化的难题，帮助智能配电网实现特殊负荷下的正常运行，为智能配电网赋予柔性化的特点，更加灵活地控制系统运行。

2) 提高对配电网安全的重视，强化配电网运行功能

随着社会全球化的快速发展，智能配电网技术也得到了显著的发展。智能配电网技术逐渐应用到了智能配电网中，通过增添更多智能化的功能，使智能配电网更好地发展。配电网的安全同样不容忽视，应进一步强化配电网运行功能，提高智能配电网工作效益，为电力企业发展创造更多优势。电力公司的竞争日趋激烈，配电网自动化大大提高了电力公司的供电质量，并且在很多方面节省了运行成本，实现了企业经营的开源节流。自动化运行与故障检测都是保障配电网安全的重要手段，功能性更强，使智能配电网的运行效率大大提高。

3) 深入研究新能源技术，实现配电网可持续发展

智能配电网与配电网自动化未来发展还需要加大对新能源技术的研究力度，利用新能源技术减少智能配电网的能源消耗，贯彻落实环保运行的理念，升级配电网保护控制能力，实现电力系统能源的统筹规划。在配电网运行过程中，如果对运行管理方式提出新标准，则相应的智能配电网、配电网自动化都必须积极调整，严格控制网点的选择，突破传统配电网中分布式发电的限制，以科学数据网格为载体，充分利用其超强的适应能力，适当渗透分布式能源，有效减少配电网传统能源消耗。这样，可再生能源在配电网中得到全面推广，可以节约更多的化石燃料，电力企业的碳排放量也随之降低，从而真正做到环保发电。

1.4　配电网自动化系统的结构及其功能

1.4.1　配电网自动化系统结构

配电网自动化系统由四部分构成，其结构如图 1.7 所示，包括配电主站、配电网自动化子站系统(简称配电子站)、通信网络以及配电终端。配电网自动化系统的组成如图 1.8 所示。

调度自动化系统、电网资源图形管理系统、营销业务管理系统和设备(资产)运维精益管理系统均可以为配电主站提供数据。配电子站用于连接配电主站与配电终端，负责分担配电主站与配电终端之间的信息传输压力，一般安装在配电终端的上层。馈线终端单元(FTU)、数据传输单元(DTU)、变压器终端单元(TTU)以

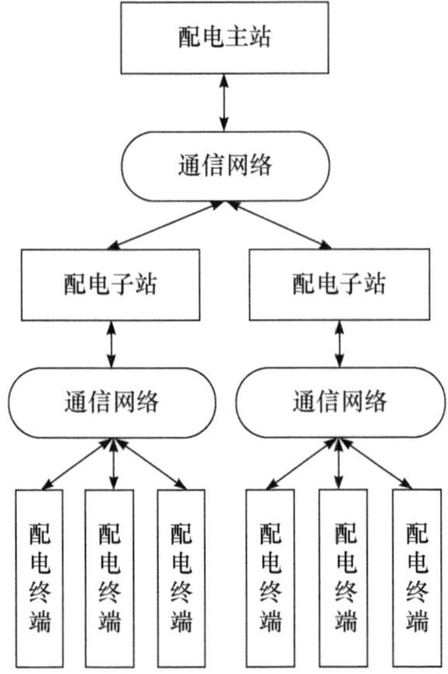

图 1.7　配电网自动化系统的结构

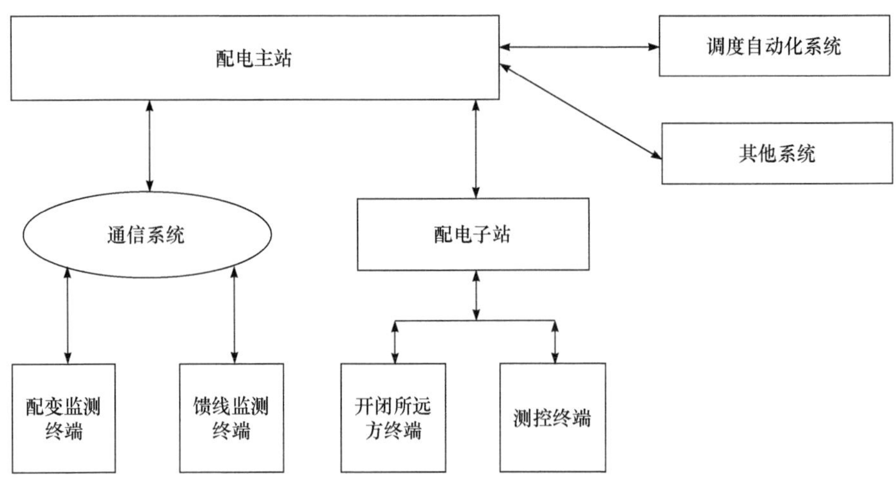

图 1.8　配电网自动化系统的组成

及各种类型的远程监测设备共同组成了监测系统，可以把采集到的电网运行数据直接传送到配电子站或配电主站。FTU 通常安装在配电网的架空线路上，DTU 负责采集数据和接收配电主站的控制命令，TTU 用于监控变压器的数据变化情况。配电终端的工作条件和环境极差，因此对配电终端各方面的性能指标都有极高的技术要求。配电终端装置将向着高可靠性、低损耗、更便捷化的趋势不断发展。

1.4.2　配电主站的结构及功能

配电主站是配电网自动化系统的重要组成部分，代表了配电网自动化系统的最高层次。配电主站广泛应用于 220kV 及以下的大型变电站，起整体性的调控、监测、记录、检查、跟踪配电网的运行状态与运行轨迹的作用。配电主站结构如图 1.9 所示，其具有系统平台、SCADA、馈线自动化等功能，可有效控制整个配电网，实现与配电子站的正确连接，并且可以控制整个配电网的运行状态。配电主站由服务器、工作站、网络设施等组成。配电主站接收到变电站的配电终端信息反馈或直接从配电终端接收信息反馈进行合理处理后，掌握配电网的运行状态，并监控整个配电网。配电主站通常用于配电网控制中心，也可以与其他总线和系统连接，以实现信息共享和应用程序集成。

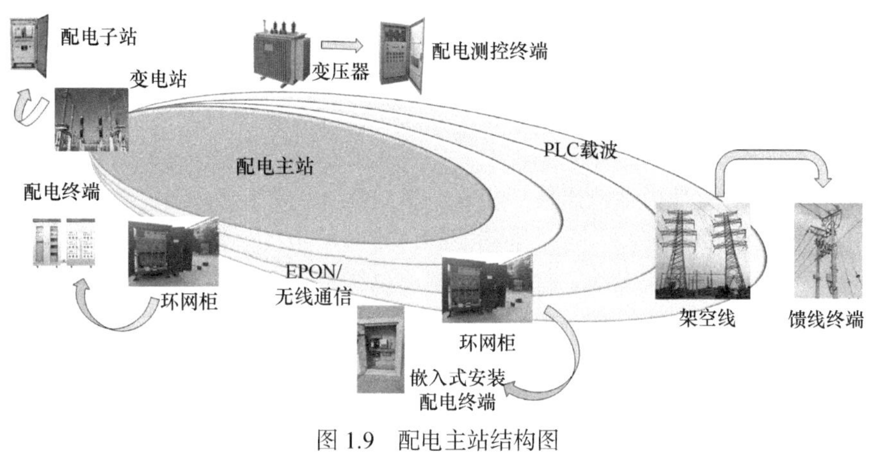

图 1.9　配电主站结构图
EPON 表示以太网无源光网络

配电主站的主要功能有如下方面。

1. 系统平台功能

系统平台的主要功能有系统运行管理、实时数据库管理、数据的备份和恢复等。

1) 系统运行管理

系统运行管理软件中有许多子模板的功能包，每个功能包可以独立安装或卸载。对于该系统存在的过载问题，通过采用最先进的平衡包，实现隔离、修复故障，使系统高效稳定地运行。软件系统通过对每个功能模块进行分区管理和实时监测，可以提高系统的运行效率和安全性。

2) 实时数据库管理

基于人机交互模式的实时数据库管理系统(database management system，DBMS)主要包括四个操作，分别为输入、修改、搜索和维护。

3) 数据的备份和恢复

数据的备份和恢复功能是为了保障系统信息的完整性，把企业和个别人员的重要数据或资料从计算机上的分区硬盘复制到安全存储空间。受保护的云存储载体包括加密磁盘、加密闪存器、可移动硬盘以及虚拟化载体，如百度云、360 安全云盘、云驱动或从其他供应商购买的云存储。数据的备份和恢复功能可以避免因计算机系统故障而丢失重要的数据。

2. SCADA 功能

1) 数据采集功能

数据采集功能是将特定结构和特定功能情况下产生的功率密度和电压波动信息，利用系统外部设备转换为数字信号和模拟信号，并将其传输到系统中心。

2) 状态显示功能

状态显示功能是指在选用任一色彩及款式后,动态标记系统内部信息的能力。状态值有两种设置方案：一种是手动控制，另一种是自动生成所有状态对应的列表，并且可以从该列表上确定首末站点图、单线图、系统图和地理图。每个配电终端中所有电信号都能够在一个接口上显示为光学符号,并且在出现异常现象时,第一时间监测并修复各个配电终端。

3) 图形显示功能

图形映射函数可以实现同步更新相关信息，使用分布网首末电路示意图、单线性电路图、多线性电路图和地理接线图，以动态的形式实时显示相关信息。该功能主要用于实时查看分配中心自动控制系统的具体工作原理图、主机在系统中所使用的频率、通信电路的使用情况、硬盘的使用强度以及对系统内存进行监测。

4) 交互操作功能

交互操作功能是指通过专门的计算机操作系统，实现人和机器的合作。交互操作必须高效、快速、方便、安全和智能。此外，能够同时打开多个窗口来执行多个操作指令。

5) 远程控制功能

远程控制功能是指配电网自动化中心系统可对远程配电终端或通信接口发起相关操作命令。例如，利用配电网自动化中心系统对 10kV 开关实施远程控制；通过引入系统内部信息和管理信息进行一系列的搜索、录入、保存、读取以及打印等操作。远程控制功能还需进行远程监管，将访问特权划分给相关的工作人员，以避免交叉监管、跨境监管、错误监管等，同时访问权限应具有私密性，以确保监管系统的准确和安全。

6) 防误闭锁功能

防误闭锁功能是指当操作人员凭借工作经验认为当前建模处于糟糕的状态时，必须向错误的建模系统发出终止指令。简而言之，防误闭锁功能应确保任何情况下配电网自动化中心系统的安全和稳定，防止数据传输的中断。

3. 馈线自动化功能

1) 确定故障区并划分隔离区

根据分析配电网自动化中心系统和配电终端之间发生故障的详细情况，迅速确定发生故障的区域，并将故障区域的具体信息传输到显示配电终端上，再通过对比程序找出故障的原因。

2) 恢复非故障区的电源供给

当发电厂发生故障时，配电网自动化中心系统通常会自动选择一个有效的解决办法，实现最短时间内恢复发电厂的供电。该系统可以在没有工作人员的情况下，自动响应并处理存在的问题，处理完问题后将能量管理系统与电源相连，以恢复供电。在此期间，可以选择两种执行方法：①逐步执行法，整个系统在运行一段时间后会恢复电力，适用于相对较小区域或低压设备工作区域；②分布式执行法，针对大型设备或不易发生故障的区域，通过对分布点进行具体的分类，以保障全区域电力供给恢复。

3) 网络拓扑分析

网络拓扑分析是配电网自动化系统的功能之一。网络拓扑分析作为应用分析的理论依据，目的是创造一个动态分布式的网络模型，用于反映网络模型与互联网组件的内部结构，以实现实时信息分析。

1.4.3　配电子站的结构及功能

配电子站分为通信汇集型子站和监控功能型子站。通信汇集型子站负责所辖区域内配电终端的数据汇集处理与转发；监控功能型子站负责所辖区域内配电终端的数据采集处理、控制及应用。

配电子站主要用来充当配电主站与各个配电终端的中间枢纽，包括以下功能。

1. 线路监控

配电子站可以控制和管理馈线终端单元，并实现遥测、远程警报和远程控制。

2. 数据采集

配电子站可以收集模拟数据，记录事件顺序、警告信号和断路器的位置以及断路器负载下的分支位置，对模拟量、状态量和电子测量数据进行记录。

3. 控制调节

配电子站接收配电主站发出的控制和调整命令后，每一个执行机构都将发出相应的命令信号，以便在现场执行和管理。

4. 通信监测

配电子站可以记录与配变开关、开关站监测终端连接时的信息，连接不正常时可以发出故障信号，以状态转移和时间记录的形式进行报告。

5. 系统校时

配电子站用户可以通过北斗卫星导航系统或全球定位系统(global positioning system，GPS)等其他方式的全球定位时钟得到一个标准的时间。与此同时，配电子站将自动发出与时间同步的指令，指挥其各个节点的计算机、DTU 和 TTU 进行同步执行。

6. 网络重构

作为配电网自动化系统的主要部分，配电子站将协调配电主站和配电设备的工作，以实现其区域内损坏器件的自动隔离和自动恢复。

7. 自我诊断

配电子站具有自我诊断和远程诊断功能，可以诊断系统本身和配电终端是否存在问题，以确保系统的稳定运行。

1.4.4 配电终端的结构及功能

1. 配电终端的结构

配电终端主要包括中心监控单元、人机接口、通信终端以及控制回路。

1) 中心监控单元

中心监控单元是整个配电终端中最重要的部分，也是确保系统稳定运行的关键。中心监控单元由控制系统和配电系统组成，可以在短时间内检测电网的故障和潜在危险。同时，为了确保电网的安全运行及功能的完好，操作人员可将数据输入模型中，以得到当前的运行功率。此外，为了确保整个电力系统的稳定运行及电能的有效配送，中心监控单元的输入、输出、存储以及接口等方面需要进行调试和改进。国内外对于解决配电终端应用上出现的问题有许多设计方案，其中基于模块化的配电终端设计方案是最先进的。

2) 人机接口

人机接口的出现使工作人员可以更好地维护设备。人机接口可以将整个平台所需要的数据显示出来，这些数据涵盖电压、电流、功率等，可以反映配电终端的工作状态，进而确定设备是否稳定运行。当配电终端连接到人机接口时，配电系统的运行速度更快，所有配电终端也可以自动升级。此外，人机接口设备还可以在工作过程中提供大量的可靠数据。

3) 通信终端

通信终端是配电网自动化系统的组成部分之一，并在整个系统中发挥着重要作用。在技术方面，以太网不仅是通信终端的关键，也是整个电网的关键。通常，通信终端属于通信适配器的类别，并且执行通信适配器的功能。通信适配器和通信运营商之间的通信应用程序选择串行接口或以太网接口。

4) 控制回路

控制回路是配电终端的重要组成部分。馈线终端主要用于自动控制回路，但在整个操作过程中，工程技术人员仍可以随时手动对回路进行控制调整。

2. 配电终端的功能

配电终端主要功能如下。

1) 功能故障诊断与检修

现有的国内外配电终端中，短路故障与单相接地故障的占比较大。电力系统实际运行中无论出现哪种类型故障，都可以将故障信息和数据发送给配电主站，然后工作人员会得到故障发生的时间与故障类型，极大地减少了故障诊断所需要的时间，进而提高工作人员的效率。当出现单相接地故障时，整个电路仍可以继续供电两个小时，工作人员需要在这两个小时内完成故障排除。另外，一些小故障虽然只会产生一些小电流，但这些现象也必须引起工作人员的注意，以便及时做好故障诊断和排除工作，使整个配电网更加安全稳定。

2) 通信

通信技术的应用可以使配电网自动化系统具有更好的操作性。为了使整个配电系统更有效地运行并降低运营成本，可以利用配电网中的一些配电终端来实现配电网数据的自动转发。这些配电终端都位于地区变电站的周围，它们彼此配合形成了一条快速传输通道。经过研究发现，若要满足 FTU 对无线传输性能的需求，则必须采用点对点的光纤传输通道。随着新一代光纤技术的快速发展，为了大大提高通信质量和整体效率，大多数电力公司已经开始采用新一代光纤技术作为其通信的主要技术手段,可以在短时间内确认整个配电系统是否处于正常运行状态，并且提供必要的测量数据。

3) 保护

当自动化终端设备广泛应用于配电网时，需要保证其在特定操作环境中安全且高效地工作。配电网自动化终端设备的普及和应用能够大大改善系统的工作质量和生产效率，同时为人们提供更安全、更稳定的电源，以满足人们的日常用电需求。配电网自动化系统的优势是可以有效整合数据，尤其是用户数据、配电网预报数据和离线数据等，从而通过将这些数据准确传输到调度管理部门来保证配电系统及相关电力设施的正常运行。同时，自动化终端设备还可以额外地执行各种任务，如安全保护、检测和控制，并确保整个操作过程更安全合理。合理使用配电终端能保证电源系统高质量、高效率地运行，保障企业和人员的用电安全，为企业提供稳定的电源。

4) 自动隔离

保障电网的稳定运行与安全，配电终端的故障诊断及自动隔离技术是必不可少的。因此，我国引进了故障自动分类技术，以确保配电网的可靠性与安全性。现有的开关站普遍采用断路器与检测设备的双重保护装置来确保配电设备的稳定运行。此外，交换台插座的应用可以确保工作人员稳定控制配电网。当发现配电终端运行期间存在异常时，应首先准确判断故障情况，并及时报告给调度部门。在此过程中，应特别注意以下几点：①工作人员必须实时监控配电网自动化终端设备，防止故障发生很长时间而没有被发现，从而对设备的运行产生不利影响；②在确定故障类型和具体位置后，还需要根据故障的实际情况科学地制订相应的维修计划，以避免故障的进一步扩大。

1.4.5　配电网自动化通信系统的结构及功能

配电网自动化通信系统的结构主要是双层通信结构和三层通信结构。双层通信结构主要应用于小型配电网自动化系统。通信主站和通信终端分别对应于配电主站和配电终端。通信主站与通信终端直接相连，结构简单，功能单一，可以使配电主站与配电终端直接通信。在含有多个变电站或复杂线路条件的配电网中通常使用三层通信结构，这种结构的系统具有高度独立性，可以应付复杂的操作环境。配电网自动化通信系统的结构如图 1.10 所示。

配电网自动化通信系统遵循功能集中收集、分区应用的原则，可用于生产、监控与通信。其中，配电网监控系统的职责是对远程指令传输与调配，实现实时

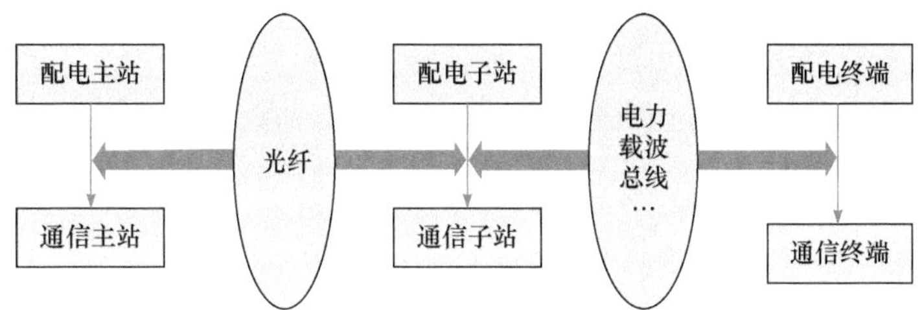

图 1.10 配电网自动化通信系统的结构

控制。该系统首先对信号进行处理，然后远程传输至结构层，由结构层对信号进行分析，实现对生产过程的调整，或直接由监控系统进行分析处理后，将调整后的测量值直接传输至生产系统，以实现对整个过程的监控。配电网生产系统主要包含潮流规划、网络拓扑、负载预测和状态评估等。

从通信系统的角度，通信主站主要分为主站通信节点、子站通信节点和终端通信节点。通信网络分为主干通信层和接入通信层。主干通信层用来连接配电主站与配电子站之间的通信，接入通信层负责配电终端与配电子站之间的通信。通信主站负责对配电网的运行状态进行实时管控与数据记录，并监管配电网的整体运行。它是最高级别的通信系统，并且可以通过人机界面进行管理。操作人员只需要输入相应的操作即可与系统进行交互，以完成系统错误检测、设备优化等任务，进而对各项数据进行分析与处理。可以说，通信主站是配电网自动化通信系统的核心。

通信子站作为中继站，可以集中收集和处理接入通信层的数据，然后执行数据的传输、检测等任务。通信子站在整个系统中具有重要的作用，因此对通信子站的要求更高。通信子站必须支持多媒体信息传输和多协议通信，以确保其通信畅通。

通信终端包括上层交换机、环形网络交换机、盒式变压器、远程传感器和子系统等，其主要负责收集运行数据和信息。

构建可靠的配电网自动化通信系统是构建配电网自动化系统的关键，也是实现每个配电终端和配电主站数据传输的一个重要途径。高效、可靠的通信网络将配电网中各种配电终端与配电主站和配电子站连接，通过网络发布指令以监控信息，实现各种类型分销网络的自动控制。配电网自动化系统的关键是实现四个远程控制，具有以下特点。

1. 通信节点更多

配电网拥有大量的可控电气设备，包括变电站、开关车间、负载开关和环形主干线等。在实现配电网自动化的同时，将智能化的配电终端相互连接在一起，使每一台通信终端设备均具有一定的通信能力，以便形成多个可以进行通信的节点。

2. 通信节点分布广泛

配电网使配电终端渗透到成千上万的家庭中，监控终端通信节点因此得以分布在较广的配电网中。

3. 通信节点之间的距离较短

馈线传输距离较短，例如，交换站中电压等级为 10kV 的传输线路，其传递的距离通常仅有几公里，因此配电终端和交换站之间的传递距离非常短。

4. 通信传输容量比较大

在整个通信系统中，通信节点的数量对通信系统的影响很大，通信节点的数量多，在遭遇极端情况时，再增加通信节点对整个通信系统的稳定性影响已经可以忽略不计，因此必须保证通信的传输容量足够大，以保障其稳定性。

1.5 配电网自动化现存的问题与解决措施

1.5.1 配电网自动化现存的问题

1. 系统功能过于单一

应用配电网自动化系统提高供电可靠率，似乎成了功能设计的传统思路。但据国家能源局电力可靠性管理和工程质量监督中心简报数据表明，现阶段影响供电可靠性的主要因素不是配电网的故障停电，75%以上的问题出于按照固有传统周期例检方式导致的人为预安排停电。

2. 配电网性能的转变过大

配电网自动化系统由单纯的 SCADA 系统加配电网自动化转向具有配电网自动化、配电管理系统、地理信息系统等较完整的配电网自动化实时供电企业管理系统，配电主站系统也由借用调度主站系统逐步转向选择面向配电网自动化应用的配电自动化主站系统。

3. 设备选择方面的盲目创新

选择设备时缺乏考虑，忽视自身基础，盲目寻求更新、更好的本地设备，整体效果却未达到预期。

4. 系统结构设计不完善

在传统配电系统中安装新的系统往往会出现各种问题，如功能设计缺乏总体规划、系统内部结构之间功能不匹配、网络信息存储通道不足以及主电网设备不合适等。

5. 系统的管理体系依旧存在弊端

配电网自动化系统一般包括产、销两大方面，若一味地坚持体系职能的专业化管理，则无法确保部分与整体的有效结合，降低了工作效率。在系统功能的设计中，传统管理机制没有做到科学与技术、系统与客户、实际与效果的相互结合。

6. 管理模式难以满足需求

配电网自动化的建设是配电网发展的新方向，涉及设备运行管理、自动化管理等，因此需要大量技术人员的参与。配电网自动化运行管理一直是电力企业发展的弱点，主要存在缺乏技术人员或技术人员无法充分理解自动化结构等问题，使传统的管理模型难以满足当前配电网运营的基本需求。

7. 系统功能设计顾此失彼

配电网自动化在功能设计中缺乏统筹兼顾的能力，出现控制端与主站功能不匹配、通信通道容量不足、一次网架设备不适应，把先进的配电自动化系统装在陈旧的配电网架上等，其效果难以实现[7]。

8. 设备种类多

配电网自动化建设与设备密不可分，目前配电网系统中应用的设备种类繁多，因此技术人员熟悉设备并掌握基本操作显得尤为重要。当前，在配电网自动化建设的过程中，设备的类型和特点不同，因此设备的配置、操作方法和维护方法也不同，这会给操作人员在解决设备问题的过程中带来很大的阻碍。因此，在配电网自动化的建设过程中，应确定不同设备的具体功能，不能仅根据经验操作。

9. 售后工作不到位

随着配电网自动化建设的进一步发展，一些关键设备的生产厂家生产效率低、技术人员稀缺、工作人员的技术有限，导致配电网运行中出现的许多实际问题无法得到解决。此外，许多售后人员甚至故意掩盖设备的缺陷，这会对配电系统运行造成恶劣的影响。

1.5.2 配电网自动化问题的解决措施

随着电力产业和电力市场的高速发展，全球配电网自动化系统将迎来新一轮的革命，其相关产业也将全面发展，配电网自动化水平将进一步提升。我国的配电网自动化技术目前还处于初始阶段，需要用严谨科学的态度和实事求是的原则对配电网自动化系统进行研究，并根据我国基本国情适当地对现有配电网进行改造。

1. 实事求是地解决问题

通过分析区域配电网的实际应用情况，找出区域配电网中的技术问题，并根据我国国情和配电网条件实事求是地解决问题。

2. 建立具有专业性、针对性的系统

配电网自动化是一个综合项目，应根据农村配电网和城市配电网的规划，建立具有专业性、针对性的系统。

3. 选取具有较高可靠性的工作环境

配电系统应用场所范围大，但其工作环境相对恶劣。在选取配电网的工作环境时，应优先选取具有较高可靠性的工作环境，以满足配电网的工作环境要求。

4. 开发功能性强的计算机软件

为了更好地服务客户，提高客户的体验感，首要的任务是搭建一个信息容量大且应用范围广的配电网自动化系统操作平台。该平台可以根据地理位置直观地显示配电系统的潮流分布情况和负荷状态，同时采用反馈控制调节系统实现远距离的负载控制、功率调节以及远程抄表，使其能够将收集好的参数及数据上传到配电网自动化系统的操作平台进行一系列计算，以实现配电网的自动化。

5. 进行合理规划

配电网自动化的建设应做好前期的调研工作，深入了解配电网的基础设备条件、线路的截面积、线路的传输能力、工程实施方向和周边的基本条件，将能够自主控制的开关电气设备同其他的辅助设备和监控设备相连接，以实现配电的自动化、故障的自动切连和检测，从而增加配电网自动化系统的稳定性。

6. 加强建设规划

在配电网自动化工程实际建设过程中，必须充分考虑电力公司的营销手段。

配电网自动化的建设并不简单，电力公司在配电网自动化的建设中需要投入大量的资金、工作人员和时间，因此在进行配电网自动化建设的初期，应充分考虑配电网自动化系统的复杂性和不确定性，若出现任何小问题，则将对电力公司造成巨大的影响[8]。为了提高配电网自动化的实际应用价值，电力公司在进行配电网自动化施工前，应该做好充分的准备工作，并制订全面的计划，只有实现自动化技术，配电网自动化才能发挥出其作用。此外，在配电网的建设过程中，应充分考虑配电网自动化的安全性和不同用户的需求，以上述条件为前提，将配电网自动化的价值发挥出来，保证用户的体验感。

7. 加强配电网自动化运行和维护工作

配电网自动化运行和维护是一项非常复杂的工作，需要大量的工作人员。在配电网自动化系统的实际运行过程中，会受到多种因素的影响，出现许多不确定的问题。因此，应及时检查自动终端的情况，若出现异常，则应立即解决。另外，工作人员需要对配电网进行定期检查，增加对配电终端的检查力度，以保证电力设备的安全性，同时，应保证及时更新实时数据，做到数据传输无延迟[9]。

8. 有效地处理技术问题

配电网自动化的建设是一个非常复杂且全面的项目。在配电网自动化建设过程中，涉及网络信息技术、自动化技术和通信技术。因此，在配电网运行时，出现任何技术问题都应及时处理，这样才能保证设备稳定运行、供电可靠以及电力系统的安全，同时保证实时数据不会丢失[10]。

9. 提高员工的能力

为了促进配电网自动化，确保配电网综合运行的控制水平，需要加强人才队伍的建设。只有提高员工的整体素质，才能保证整个配电网自动化系统的正常运行。作为员工，不仅需要具备良好的业务能力和技术水平，还需要对配电网的运行和控制具有一定的维护能力，从而提高整体工作效率。因此，电力公司应根据实际情况建立相应的人才队伍管理体系，可以选择具有较高综合水平和一定专业能力的员工进行系统培训，通过外聘教师增强培训的有效性[11]。

10. 培养相关人才

配电网自动化的建设仍在探索中，目前尚未形成一套可以实施的标准化操作流程。此外，工作人员应该具有相应的主观能动性，只有技术成熟的工作人员才能对配电网进行合理的调控。为了公司的发展，应该培养大量的配电网自动化建设人才，以满足当前社会的发展需求。

参考文献

[1] 王兴念, 秦贺, 刘宏伟, 等. 电压-时间型馈线自动化变电站重合闸配合应用与探讨[J]. 电工技术, 2016, (5): 7-8.

[2] 刘蓓. 智能配电网故障定位与故障恢复方法研究[D]. 长沙: 湖南大学, 2014.

[3] Siirto K O, Safdarian A, Lehtonen M, et al. Optimal distribution network automation considering earth fault events[J]. IEEE Transactions on Smart Grid, 2015, 6(2): 1010-1017.

[4] 苏俊斌. 城市电网配电网自动化系统技术分析[J]. 广东科技, 2011, (9): 145-146.

[5] Heidari S, Fotuhi-Firuzabad M. Integrated planning for distribution automation and network capacity expansion[J]. IEEE Transactions on Smart Grid, 2019, 10(4): 4279-4288.

[6] 朱维佳. 城市配网自动化的建设及对配电网可靠性影响研究[D]. 南昌: 南昌大学, 2019.

[7] 康文韬, 郭锋, 何振翔, 等. 基于不停电作业安全的配电网自动化技术改造研究[J]. 电气传动自动化, 2019, 41(2): 35-38.

[8] 耿俊成, 宋英华. 配电网自动化系统的经济运行及优化配置分析[J]. 电力与能源, 2019, 40(5): 537-584.

[9] 林加生. 基于智能配电网的配电网自动化改造建设探究[J]. 新型工业化, 2019, (9): 9-13.

[10] 李文革. 临桂配电网自动化建设对供电可靠性的影响因素分析[J]. 通讯世界, 2019, 26(8): 271-273.

[11] 邹京, 秦汉, 刘东, 等. 配电网自动化建设对配电网可靠性的影响分析[J]. 电器与能效管理技术, 2019, (13): 53-62.

第 2 章　配电网自动化通信系统

2.1　配电网自动化通信系统的概述及设计原则

2.1.1　配电网自动化通信系统的功能

配电网自动化通信系统是配电网自动化系统的核心，作为配电网传输数据的一种高效可靠的手段，既可以为配电网自动化系统提供物理连接，又可以满足配电网自动化业务的需求，其功能如图 2.1 所示。该系统一方面向上传输来自现场配电终端所采集的各种设备的遥测量、遥信量，另一方面向下发送由配电网调度中心给出的遥调、遥控指令，实现集传输、采集数据和实时监测与遥控操作为一体的目标。

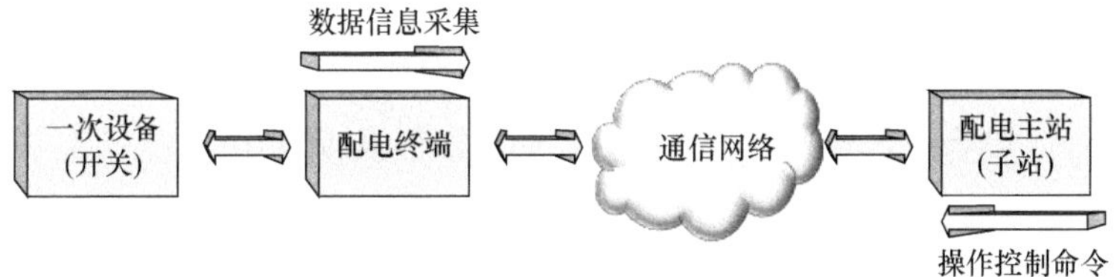

图 2.1　配电网自动化通信系统的功能

2.1.2　配电网自动化通信系统的特点

配电网自动化通信系统作为配电网自动化系统得以实现的坚实基础，其技术水平对配电网自动化系统的运行有着非常重要的作用。为了满足配电网自动化系统的业务需求，配电网自动化通信系统具有以下鲜明特点[1,2]。

1. 通信节点数量相对较多

在配电网自动化过程中需要介入大量的配电终端，以实现对组成配电网自动化通信系统的开关柜、环网柜、负荷开关和配电变压器等设备的监测和遥控。同时，数量庞大的低压用户控制终端和智能抄表终端的接入产生了数量较多的通信节点。

2. 通信节点数据量单位相对较小

在配电网自动化的监测与遥控过程中，通信终端主要采集功率、电压、电流以及开关等位置的状态量和模拟量等数据，这些数据量的单位一般较小，大多为字节级。

3. 通信节点分布广泛且分散

馈线的铺设深入各家各户,配电设备呈辐射状分散布置在广阔的配电区域内。配电网中被监测与遥控的各设备均需要连接通信终端，每个通信终端都具备通信能力，形成数目较多、分散较广的通信节点。

4. 通信实现方式多样化

配电网的数据传输方式多种多样，不同通信技术的特点、适用范围也各不相同。因此，可以根据具体条件灵活、合理地采用多种通信技术进行网络组建，使组建出的配电网更加合理。

5. 通信节点间距离较短

配电网自动化通信系统的配电设备分布在其输送距离以内，配电网通信线路传输距离一般为几公里，因此配电设备的分布也较集中，通信节点间距必然较短。

6. 通信传输容量大

配电网自动化通信系统的通信传输容量与通信节点数量呈正比关系。考虑到非正常情况下数据量急剧增加会引起通信传输容量极度膨胀,从而引发不良后果,对通信传输容量进行设计时应该以最坏的情况为基准。

2.1.3　配电网自动化通信系统的设计原则

配电网自动化通信系统的建立与完善是一个循序渐进的长期过程。配电网自动化通信系统需要配备有数量庞大的配电终端，因此在建立配电网自动化通信系统时，首先需要进行合理的总体规划，以免未来建设时需要重复改动。同时，配电网自动化通信系统的设计也受配电网结构、地理环境和成本造价等多方面条件的约束。除以上两点，在建设配电网自动化通信系统时，还需要考虑组网技术、设备选择、传输介质等多方面因素的影响，必须根据配电网自动化的特点、规模和发展水平对其进行调整。为了满足配电网自动化通信系统在数据的采集与上传、下发控制和调节等方面的任务需求，配电网自动化通信系统的设计应遵循以下原则。

1. 保证通信传输的可靠性

保证通信系统可以正常运行的关键是保证通信传输的可靠性，这也是保障配电网自动化通信系统能够正常运行的最重要的一点。

配电终端分散在不同的环境中(如南方与北方、海边与高原、城市与乡村等)，并且配电网自动化通信系统的设备大多暴露在室外环境下，因此不同的气候环境条件会对其性能产生很大的影响。对配电设备进行选择与安装时，首先需要考虑配电设备抵抗复杂气候条件及极端恶劣天气侵袭的能力，如长期的阳光暴晒、多雨、近海地区的潮湿气候、户外的飞沙与灰尘等，都会加快设备老化的速度。为了延长设备的使用寿命，应加大对设备的保护措施。此外，在进行设备安装时应充分考虑强电磁干扰所造成的影响，雷电天气及电线都会给通信设备带来较强的电磁干扰，这些也会影响通信的可靠性[3]。

2. 保证通信系统的先进性

在进行配电网自动化通信系统的构建时，需要在配电网自动化过程中充分运用通信技术资源。为了满足当前配电网自动化的需求，并综合考虑未来行业的发展前景、技术发展方向，应在尽可能采用先进通信技术的基础上，完善基础设施，减少日后的重复建设。

3. 保证通信传输的双向性与实时性

配电网自动化通信系统需要在满足可靠性的前提下，保证配电网信息的传递与命令下达的时效性，避免执行命令过程中出现时间延迟。

高双向性和实时性，既可以保证当配电网自动化通信系统出现故障时通信终端仍可将监测采集到的数据第一时间上传至调度中心，由调度中心实时监控运行状态，又可以保证位于调度中心的电力管理人员发出的指令及时下达到配电终端设备，达到远程操作配电终端的目的。

4. 能够兼容不同的通信速率

配电网自动化通信系统拥有数量庞大的通信终端，不同通信终端承担的功能各不相同，与之对应的通信速率的要求也不同，如表 2.1 所示。

表 2.1　不同通信终端通信速率的选择

通信终端	通信速率/(bit/s)
远程终端单元	1200～9600
馈线终端单元	300～1200
配电变压器监测仪	10～300
用户读表终端	10～300

针对此情况，配电网自动化通信系统不仅应该考虑当下不同通信速率的兼容问题(从承担的功能来看，馈线终端单元、远程终端单元对通信速率具有较高的要求；配电变压器监测仪、用户读表终端对通信速率具有较低的要求)，还要兼顾日后的发展，预留一定的带宽，以满足日后进一步的需求。

5. 具有持续工作能力

配电网自动化通信系统需要具备持续工作能力，即当系统出现故障时，可以隔离故障段并恢复供电及调度自动化的能力，从而保障通信网络仍可持续正常地运行。该能力可以通过采用冗余备份或双电源供电等方法来实现。

6. 保证通信系统的良好经济性

作为一个工程量庞大的系统，配电网自动化通信系统拥有大量的通信终端，前期研发投入费用也相对较高，其建设投资必定要考虑日后的使用与维护，拥有良好的经济性会使系统经济效益达到最佳。在进行设计预算时，一方面需要合理构建组合通信网络，根据不同情况适当选择通信技术，以达到节省前期投入成本的目的；另一方面需要注意后续系统使用及维护的费用。

7. 具备一定的开放性与可扩展性

在设计通信网络时，考虑到未来的长期使用目标，应尽可能地多选用统一标准的通信协议和配电设备进行通信网络的组建。通用标准化的设备具有统一标准的通信接口，可实现设备间的无缝对接，保障系统的兼容性，方便管理人员对系统进行操作与维修。配电网不是建立后就不再改动，考虑到随着电网逐步向智能电网发展，智能配电网要求的自动化水平也日趋提升，在进行配电网设计时应具有一定的开放性与可扩展性。除了需要考虑当前系统的任务需求，还应给今后的发展需求留有一定的扩展接口，从而为未来网络的改造、调整或系统的升级、扩容提供便利。

8. 保证通信系统的安全性

为了保证通信数据的安全性，防止电力数据泄露或网络安全问题导致电力系统事故，配电网自动化通信系统的通信网络应建立成与外界互联网互不相通的独立网络。

2.2　配电网自动化通信系统组网模式

配电网自动化通信系统可以通过采集数据信息、信息传输、人机界面互动等方法实现对现场运行设备的远程控制管理。配电网自动化通信系统的架构与现有的配电系统有直接联系，进行配电网自动化通信系统的结构设计时，需要充分考虑该地区配电网所涉及区域的规模、配电终端的数量和需要传输信息数据的多少。配电网自动化通信系统的通信结构采取“分层集结、分区管理”的组网模式，如图 2.2 所示。

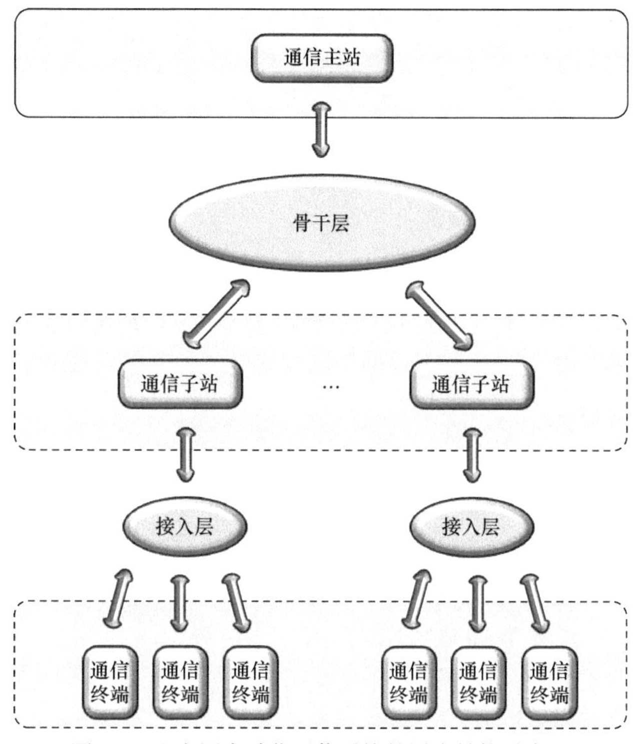

图 2.2　配电网自动化通信系统的层次结构示意图

骨干层通过通信主站与通信子站来沟通配电主站与配电子站，该层一般采用光纤通信技术实现数据的传输。接入层的作用为对通信终端采集到的信息进行预处理，通过筛选后根据数据的重要性由通信终端按序上传。接入层为通信子站与通信终端之间的桥梁，该层可通过多种通信技术实现通信子站与通信终端之间的通信，包括光纤通信技术、电力线通信技术、无线通信技术等。可根据通信系统的组成分为以下三种形式[4]。

1. 主站-终端组网模式

主站-终端组网模式由通信主站与通信终端构成。通信主站与通信终端分别对应配电网自动化通信系统的主站系统和通信终端,通信主站与通信终端直接相连,在配电主站与配电终端之间直接传输通信数据，不经中间环节。该组网模式具有建设周期短、投资费用低、传输实时性高等优点。配电主站与配电终端之间需要铺设大量的通信信道，同时配电主站需要直接处理所有来自配电终端的数据，因此该组网模式对通信信道和配电主站的性能要求很高。

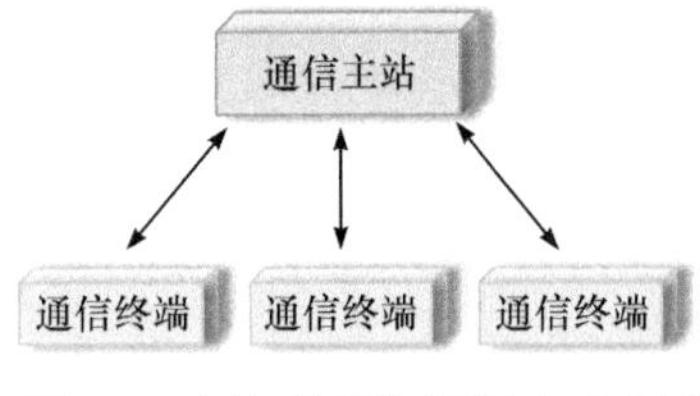

图 2.3　主站-终端组网模式示意图

主站-终端组网模式多适用于具有配电终端数量较少、待传输数据量较小等特点的地区，如偏远地区、农村或小型社区等小型配电网。主站-终端组网模式示意图如图 2.3 所示。

2. 主站-子站-终端组网模式

在主站-子站-终端组网模式中，配电终端采集到的数据需要先通过通信终端传输给配电子站，配电子站进行汇集处理，并将初步处理过的数据信息经过通信子站统一上传至配电主站。采用这种组网模式的通信系统可以保证数据更安全、更可靠地进行传输。

主站-子站-终端组网模式结构复杂且各部分独立性较高，能够应对更复杂的运行环境。现阶段，该组网模式广泛应用于配电网自动化通信系统中，配电终端数目较多、通信数据量较大、分布区域广泛的城市配电网多采用此模式。主站-子站-终端组网模式示意图如图 2.4 所示。

3. 主站-子站-汇集基站-终端组网模式

在通信子站与通信终端之间加入汇集基站，即形成主站-子站-汇集基站-终端组网模式，如图 2.5 所示。该组网模式着重强调通信终端与通信终端之间的数据交互。根据其特点，该组网模式必将成为配电网自动化通信系统组网方式的发展方向。

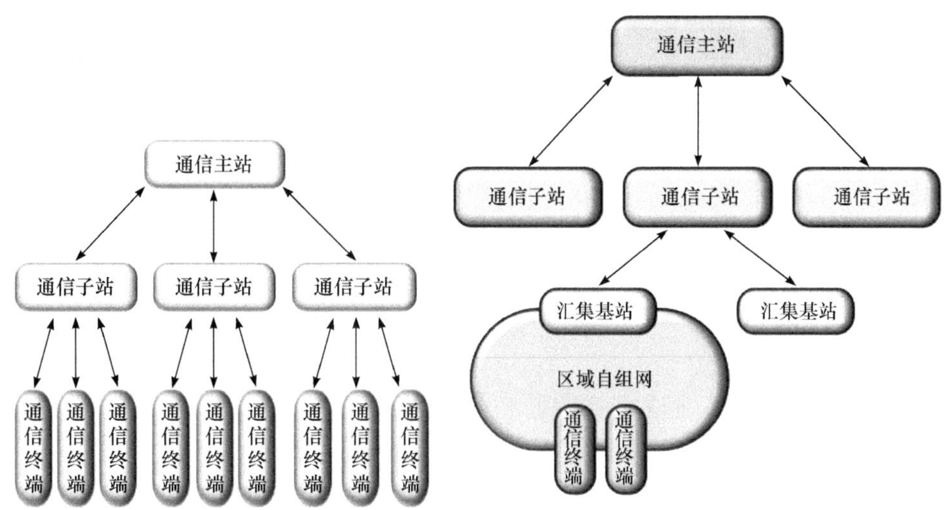

图 2.4　主站-子站-终端组网模式示意图　图 2.5　主站-子站-汇集基站-终端组网模式示意图

一方面，由于智能配电网在使用过程中，通信系统需要覆盖所有配电终端且能够处理大量数据，为了保证配电网自动化通信系统的可靠性与实时性，可以在通信子站与通信终端之间设置汇集基站，将通信终端采集的数据在汇集基站进行预处理，从而减少通信终端的上传数据量。

另一方面，与长距离数据传输相比，短距离数据传输成本较低。因此，加设汇集基站形成就地组网模式，不仅可以最大限度地减少数据上传量，还可以降低后续运行与维护的资金投入,进而达到提高配电网自动化通信系统经济性的目的。

2.3　配电网自动化通信系统业务

2.3.1　配电网自动化通信系统业务介绍

配电网自动化通信系统业务可根据时间分为近期配电网业务和未来智能配电网业务。近期配电网业务主要包括配电网自动化业务和计量自动化业务，覆盖公用/专用配电网变压器、开关站、柱上开关、220/380kV 低压抄表集中器、环网柜、馈线等配电设备。配电网自动化业务和计量自动化业务相关内容如下。

1. 配电网自动化业务

配电网自动化业务包括采集所有配电网节点(如公用/专用配电网变压器、开关站、柱上开关、环网柜、馈线等)设备的遥信信息，以及部分配电网节点(如重要开关)设备的遥测、遥控信息。

2. 计量自动化业务

计量自动化业务范围包括发电厂、变电站(发变电侧)和大客户、低压客户(用电侧)，主要业务为对自动采集的电能量相关数据、负荷进行管理与控制，以及进行集中抄表、配变监测等。通过该项业务可以实现供电数据和用电数据采集与管理的一体化。

未来智能配电网业务内容为：

(1) 配电网运行监测、决策、控制、馈线纵联保护；

(2) 用电数据采集分析、负荷控制，电动汽车使用跟踪、充换电监测、计费、运行管理；

(3) 分布式电源、储能、微网等系统的控制与管理；

(4) 电力场所视频监控、用户室内业务、设备监测等。

2.3.2 配电网自动化通信系统业务类型

近期配电网业务，即传统的配电网自动化系统业务，其数据类型为测量信息、控制信息、状态信息以及其他业务数据等[5]。基本数据类型和传输要求如表 2.2 所示。

未来智能电网的业务包括配电网自动化、馈线纵联保护、配电网视频监控、配电网一次设备运行状态监测、分布式能源站控制管理、微网控制管理等；用电领域的典型新业务包括计量自动化、家庭用电智能管理、电动汽车充电桩管理等。每种具体业务可根据属性分为保护类、控制类(遥控)、信息监测类(遥信、遥测)、视频类(遥视)、市场营销类等，每种业务包含一种或多种属性[6]。业务分类总表如表 2.3 所示。

表 2.2　基本数据类型和传输要求

<table>
<tr><th colspan="2">信息量</th><th>优先级</th><th>更新周期</th><th>信息单元长度/Byte</th></tr>
<tr><td rowspan="8">状态量</td><td>1.开关位置</td><td rowspan="3">A</td><td rowspan="3">突发传送或
1～5s 周期轮询</td><td rowspan="3">1～3</td></tr>
<tr><td>2.接地刀闸</td></tr>
<tr><td>3.开关远方、就地</td></tr>
<tr><td>4.开关储能、操作电源</td><td rowspan="2">B</td><td rowspan="2">突发传送或
1～5s 周期轮询</td><td rowspan="2">1～3</td></tr>
<tr><td>5.SF_6 开关压力信号</td></tr>
<tr><td>6.配电终端状态</td><td rowspan="3">A</td><td rowspan="3">突发传送或
1～5s 周期轮询</td><td rowspan="3">1～3</td></tr>
<tr><td>7.通信状态</td></tr>
<tr><td>8.故障信号、保护动作信号和异常信号</td></tr>
</table>

续表

<table>
<tr><th colspan="2">信息量</th><th>优先级</th><th>更新周期</th><th>信息单元长度/Byte</th></tr>
<tr><td rowspan="8">模拟量</td><td>1.电流</td><td rowspan="6">B</td><td rowspan="6">突发传送或 5s 周期轮询</td><td rowspan="6">2～6</td></tr>
<tr><td>2.电压</td></tr>
<tr><td>3.有功功率</td></tr>
<tr><td>4.无功功率</td></tr>
<tr><td>5.功率因数</td></tr>
<tr><td>6.零序电流及三相不平衡电流</td></tr>
<tr><td>7.温度</td><td>C</td><td>突发传送或 60s 周期轮询</td><td>2～6</td></tr>
<tr><td>8.电能量</td><td>C</td><td>15min 周期轮询</td><td>4～24(正向、反向有功或无功、时标)</td></tr>
<tr><td rowspan="4">控制量</td><td>1.分合闸操作</td><td>A</td><td rowspan="4">—</td><td rowspan="4">—</td></tr>
<tr><td>2.配电变压器有载调压</td><td rowspan="3">B</td></tr>
<tr><td>3.配电电容器投停</td></tr>
<tr><td>4.设定值</td></tr>
<tr><td rowspan="2">数据传输</td><td>对时信息</td><td>B</td><td>30min</td><td>8</td></tr>
<tr><td>谐波及电能质量信息</td><td>C</td><td>突发传送或 15min 周期轮询</td><td>2～6×谐波次数</td></tr>
<tr><td rowspan="2">—</td><td>总召唤</td><td>B</td><td>10min 或重新初始化</td><td>36(遥测+状态，不含电量)</td></tr>
<tr><td>事件顺序记录(SOE)</td><td>C</td><td>突发传送</td><td>10</td></tr>
</table>

表 2.3　业务分类总表

序号	业务名称	保护类	控制类	信息监测类	视频类	市场营销类
1	配电网自动化	—	√	√	—	—
2	馈线纵联保护	√	—	—	—	—
3	配电网视频监控	—	—	—	√	—
4	配电网一次设备运行状态监测	—	—	√	—	—
5	分布式能源站控制管理	—	√	√	—	—
6	微网控制管理	—	√	√	—	—
7	计量自动化	—	—	√	—	√
8	家庭用电智能管理	—	—	√	—	√
9	电动汽车充电桩管理	—	√	√	—	√

2.3.3　通信带宽需求

1. 配电网自动化业务带宽需求

遥信、遥测和遥控(三遥)采集到的数据按重要性分为重要信息和次要信息，近期配电网业务只需要采集遥信、遥测和遥控的重要信息，未来智能电网的业务则需要采集包括重要信息、次要信息的全部信息，计算如下。

1) 通信终端的带宽需求

配电网数据要求遥信和遥控数据的时延小于 1s；遥测数据的时延小于 5s，单个通信终端的带宽需求为 330Byte/s，即 2640bit/s。

2) 通信子站的带宽需求

以 1 个 110kV 变电站向 20 条 10kV 馈电线供电为例，假设每条馈电线上的开关房/综合房、公变房等数量平均为 20 个，则每个通信子站的带宽需求为 400×2640bit/s= 1056kbit/s。

为了适应配电网自动化未来的发展，每个通信子站覆盖范围内的配电网自动化业务需要 1Mbit/s 左右的带宽。

2. 计量自动化业务带宽需求

1) 智能电表的带宽需求

智能电表可以实现与用户的双向互动，从而完成数据的采集与传送。按每个电表 300Byte/15min 信息量考虑，通信带宽小于 0.01kbit/s，按每个 110kV 站 20 条 10kV 出线、配电 400 个台区计算，以 20 万个节点为例，则带宽需求为 2Mbit/s。

2) 负荷需求侧管理的带宽需求

负荷需求侧管理的带宽需求包括负荷预测、负荷控制参数下发、电能质量监测等功能。负荷需求侧管理带宽为 5kbit/s 级别，时延小于 60s，若按每个台区 200 个节点计算，则带宽需求为 1Mbit/s。

3) 设备运行状态监测信息的带宽需求

智能电网的新业务为设备运行状态监测，每个 110kV 站覆盖范围内的通信终端点数量为 2000 个，单个通信终端流量约为 4kbit/s，时延小于 3s，若按每个台区 2000 个节点计算，则带宽需求为 8Mbit/s。

4) 纵联网络保护的带宽需求

馈线的保护动作时间一般为 500～700ms，通信通道时延小于 100ms，通信带宽为 64kbit/s～1Mbit/s，若按每个台区 60 个节点计算，则带宽需求为 60Mbit/s。

5) 高级配电自动化的带宽需求

高级配电自动化(advanced distribution automation，ADA)的带宽需求是自愈动作时间应小于 3s，除去元件采集和调度系统处理时间，双向通信通道时间应小于

1s，则单向通信时延要求小于 500ms，通信带宽为 30kbit/s，若按每个台区 200 个节点计算，则带宽需求为 6Mbit/s。

6) 储能站、分布式能源站的带宽需求

储能站监测管理：通信时延小于 1s，通信带宽为 64kbit/s～1Mbit/s，若按每个台区 4 个节点计算，则带宽需求为 4Mbit/s。

分布式能源站控制：数据采集与监控、自动导向车、自动导引运输车通信时延小于 1s，通信带宽为 30kbit/s，若按每个台区 12 个节点计算，则带宽需求为 360kbit/s。

分布式能源站负荷预测：数据每隔 15min 输出一次，通信时延小于 60s，通信带宽为 5kbit/s，若按每个台区 12 个节点计算，则带宽需求为 60kbit/s。

3. 带宽总需求

综上所述，可预计的智能配电网自动化通信业务带宽总需求如表 2.4 所示。

表 2.4　智能配电网自动化通信业务带宽总需求

序号	业务名称	总流量
1	配电网自动化业务(三遥)	1Mbit/s
2	智能电表	2Mbit/s
3	负荷需求控制管理	1Mbit/s
4	设备运行状态监测信息	8Mbit/s
5	分布式能源站负荷预测	60kbit/s
6	纵联网络保护	60Mbit/s
7	高级配电自动化	6Mbit/s
8	储能站监测管理	4Mbit/s
9	分布式能源站控制	360kbit/s

智能配电网自动化系统的通信业务可分为实时监测业务和非实时监测业务两大类。表 2.4 中 1～5 项为非实时监测业务；6～9 项为实时监测业务。

2.3.4　可靠性需求

配电网自动化通信系统的主要功能是保障配电网的安全运行，因此对可靠性的要求很高。自动化系统的性能对通信系统的依赖性很强，因此配电网自动化业务要求通信系统必须具有高可靠性，具体需求如下。

1) 近期配电网业务需求

近期配电网自动化业务中对计量业务要求并不高，需要重点关注配电网自动化业务。配电网自动化业务主要为三遥(遥信、遥测和遥控)功能，其通信可靠性要求如表 2.5 所示[7]。

表 2.5 配电自动化业务的通信可靠性要求

信号类型	时延/s	可靠性	正确率
遥信信息(重要信息量)	<2	≥99.95%	依靠 TCP/IP，要求数据正确率为 100%
遥测信息(重要信息量)	<2	≥99%	依靠 TCP/IP，要求数据正确率为 100%
遥控信息(重要信息量)	<1	≥99.99%	依靠 TCP/IP，要求数据正确率为 100%

注：TCP/IP 代表传输控制协议/互联网协议。

2) 智能配电网业务需求

智能配电网业务可分为保护类、控制类(遥控)、信息监测类(遥信、遥测)、视频类(遥视)、市场营销类，不同种类业务的特性要求如表 2.6 所示[8]。

表 2.6 不同种类业务的特性要求

序号	业务种类	通信安全性要求	时延要求	路由要求	单点带宽要求	通信失效对电网的影响
1	保护类	极高	秒级以下	严格	2Mbit/s	严重
2	控制类	极高	秒级以下	严格	每秒几千比特	严重
3	信息监测类	较高	数秒级	一般	每秒几千比特	一般
4	视频类	较高	数秒级	一般	1～2Mbit/s	一般
5	市场营销类	高	数秒级	一般	每秒几千比特	一般

由表 2.6 可以看出，保护类业务与控制类业务对通信安全性要求极高，并且对时延、路由、通信失效等方面的要求都很严格；信息监测类业务与视频类业务对通信安全性要求较高，但对时延、路由、通信失效等方面的要求相对宽松；市场营销类业务对通信安全性要求高，但对时延、路由、通信失效等方面的要求类似于信息监测类业务与视频类业务。五项业务中，控制类业务、信息监测类业务、市场营销类业务对通信的带宽要求较低。

保护类业务的通信失效可能影响电网的保护执行，导致电网瘫痪；控制类业务的通信失效可能影响电网的控制执行，导致电网运行故障。

由以上分析可知，保护类业务与控制类业务必须采用电力通信专网；信息监测类业务、视频类业务、市场营销类业务应优先采用电力通信专网[9]，在电力通信专网暂无网络覆盖的区域可选择租用公用通信网络。

2.4　配电网自动化通信系统通信技术

2.4.1　配电网自动化通信系统通信技术研究现状及发展趋势

作为配电网自动化通信系统的重要支撑部分，通信技术是保障通信系统能够可靠运行的必要手段，也是实现数据的传输与采集、远程操作等功能的核心组成部分。为了满足不断扩展的配电网自动化通信系统的功能需求，需要根据不同场合和条件，因地制宜、合理恰当地选择最适宜的通信技术。

1. 国外通信技术研究现状

在多数工业发达的欧美国家中，配电网自动化通信系统由于能够完成大量的工作，越来越受到各行各业的重视。为了满足配电网自动化通信系统的功能需求，多种通信技术综合应用在该系统中。知名制造商如法国的施耐德电气有限公司、美国的休斯敦库柏公司、德国的西门子股份公司提出了利用有线通信技术与无线通信技术联合组网的模式来建设配电网自动化通信系统。日本是亚洲国家中较早研究配电网自动化的国家。由于配电自动化发展初期无线通信频段多被通信运营商及电台占据并使用，无法通过无线通信技术实现配电网自动化的功能，日本初期侧重通过电力线通信技术来实现配电网自动化。随着科技的发展和对配电网自动化水平及其稳定性要求的不断提升，近几年日本的通信技术也逐渐由单纯电力线通信技术转变为光纤通信技术与电力线通信技术相结合的组网模式。韩国配电网通信技术近年发展飞快，基于当地配电网对通信可靠性、通信容量和通信速率等方面的要求不断提高，韩国通信网络根据不同环境及其需求，采用无线通信技术和光纤通信技术联合组网模式。同时，随着光纤通信技术的逐步推广与运用，目前韩国配电网通信技术 70%左右采用光纤通信方式。

2. 国内通信技术研究现状

我国电力系统长久以来一直处于重电源、轻电网、重输电、轻配电的状态，由于这个建设理念，我国的配电网自动化技术相对于发达国家起步较晚，并且长期存在配电网建设投入资金小于主网建设投入资金的情况。

尽管如此，在多方面的努力下，现阶段我国配电网自动化技术已经有了显著的飞跃，进入快速发展阶段。2014 年，我国达到了约 40%的配电网通信网络的覆盖率；2017 年，国家电网有限公司实现了约 80%的配电网通信网络覆盖率；2020 年，我国配电网通信网络覆盖率达到 90%，得到了进一步的提升。

现阶段，没有一种足够完美的通信技术可以独自满足配电网自动化通信系统中不同通信业务的需求，大部分系统均采用多种通信技术联合组网模式，根据配电网自动化通信系统中各个层次的实际需求，综合考虑建设成本、维护成本等经济指标与可靠性、安全性等性能指标，合理采用最佳的通信技术实现当前配电网的通信目标。

基于以上特点，可以分析出未来我国智能配电网通信技术的发展方向为能够高效地进行配电网数据实时交互、支撑新兴业务需求，最终形成高集成度、高智能化的配电管理系统。

2.4.2　配电网自动化通信系统通信技术分析

当前，配电网自动化通信系统中拥有种类繁多的通信技术，可根据通信介质的不同将其分为有线通信技术和无线通信技术两大类，如图 2.6 所示。

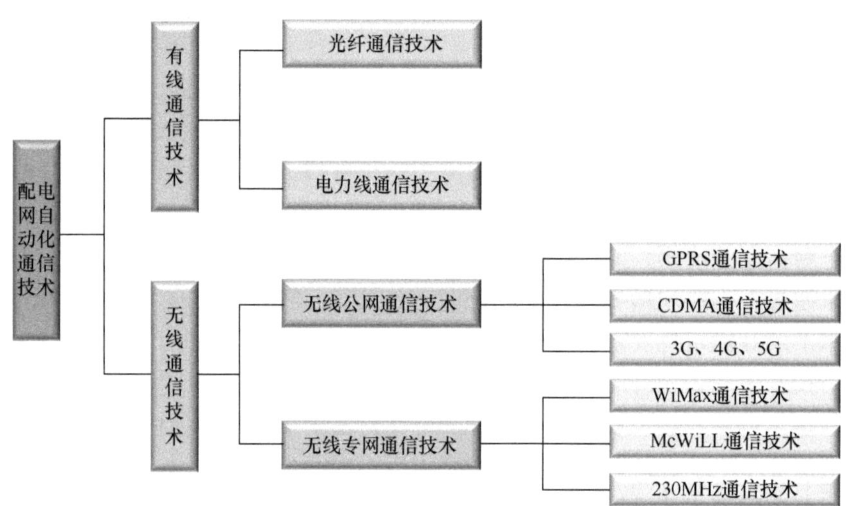

图 2.6　配电网自动化通信系统技术分类

WiMax 代表全球微波接入互操作性；McWiLL 代表多载波无线信息本地环路

每种技术都具有各自的优点与缺点，因此在进行配电网自动化系统的建设中，需要综合网络投资成本、当地电力特点、未来发展需求等多方面进行考虑，在此基础上选择最合适的通信方案完成通信系统架构的设计。

1. 光纤通信技术

光纤通信技术的基本原理是光的全反射原理。该技术采用光纤作为传输介质，以光波作为待传输的信息及数据的载体，完成数据的传送。通过在光发射端、光接收端安装相关光电设备，可实现信号状态的变换。现阶段的光纤技术主要划分为两大类，第一类为近些年开展的城市配电网自动化试点工程，该工程中主要采用无源光网络技术和工业以太网技术来实现站点和设备之间的通信，建设该项目需要在试点区域内铺设大量光缆，以覆盖开关站、环网柜、区域配电房等。第二类为城市配电网自动化非试点工程，通常由城市供电局根据本地实际需求自行进行光缆建设，本类工程同样采用无源光网络技术和工业以太网技术来实现站点和设备之间的通信。

光纤通信技术是通信系统主干网络的不二选择，具有通信性能稳定可靠、通信带宽和通信容量充足、通信距离长等特点，其主要功能为进行视频监控传输。但是在现阶段，光纤通信技术的大范围推广及其使用仍面临很大困难。首先，在城市配电网的应用中，光缆铺设时会面临工程困难的情况；其次，在乡村配电网的应用中，需要更多的光缆建设资金，以解决中压线路较长的问题。

与其他通信技术相比，光纤通信技术具有通信损耗较小、传输容量较大、抗电磁干扰性能好、分时复用、光电隔离、组网灵活等优势。光纤通信技术是利用光信号在光缆中传播，因此其缺点是强度不如金属、连接相对较难、分路耦合方式不便利等。

2. 电力线通信技术

电力线通信技术以电力系统中的电力线路作为信息传输通道，进行数据和语音等信号的传输。该项技术的数据传输过程中需要先对数据进行调制，电力线路负责传输调制后的电信号[10]。

该技术可按时间简单分为两类，第一类为 2010 年前使用的电力线通信技术，此阶段的通信技术为窄带电力线通信技术，通过现有的电力网络线路连接起不同的电力设备。相较于其他通信技术，虽然此类技术的投入资金较低，但随着科技水平的进步，如今该技术已经较为落后，其具有传输速率低、传输质量差等缺点，尽管现阶段还处于应用中，但已经逐步淘汰。第二类为 2010 年后引入的正交频分复用(orthogonal frequency division multiplexing，OFDM)技术等新型电力线通信技术，现阶段国内部分地区正进行试点工程的建立与应用。

由于不需要单独建设专用通信线路，在保证安全性需求的同时，电力线通信技术还具有以下工程优势：①投资成本低，即不需要单独布线，直接在现有电力线路上进行信号传输即可；②便于管理与维护，即通信信号在电力线缆上传输，不需要通信部门的管理与介入；③覆盖范围广，即现有电力线路覆盖范围广，可以直接连接到任何需要关注的测控点；④连接便利，即具备良好的网络兼容性，可以实现多标准对接。现阶段的新型中压电力线通信技术及其设备均为国外所有，因此应用该项技术的成本较高，对该项技术的大规模推广造成了消极的影响。

配电网中拥有大量的电气设备，其标准又各不相同，导致接线节点处传输信号谐振、反射、驻停的现象加重，并给接收信号时带来不便。通信线路的频率调制：载波通信技术通过将数据频率调制成信号进行通信传输，当电力线路附近有频率相近的信号时，将影响传输的稳定性，因此电力线通信系统需要准备其他频率，在必要时进行更换。通信线路的时变性：电力线路直接连接到用电用户处，在运行过程中，线路的任意位置随时可能有用户根据自身需求投入或切除电力负荷，使得线路呈现出不可控的时变性。此外，当有电力负荷被切除线路时，需要根据配电终端采集的数据信息严格判断是正常切除还是出现故障，一旦确定出现故障，应立即采取措施解决。目前，尽管电力线通信技术还有很多需要解决的问题，但其具有覆盖范围广、连接便利、投资成本低等显著特点，因此该项技术常应用于最后一千米的信息传输。

3. 无线公网通信技术

通信终端先经无线通信模块后进入无线公网，再连接到通信主站的通信技术称为无线公网通信技术。目前，在承载配电业务的通用分组无线服务(GPRS)通信技术与码分多址(CDMA)通信技术系统中广泛采用无线公网通信技术进行通信数据的传输。合理安装无线公网通信终端是应用无线公网通信技术至关重要的一步，需要综合考量开关站、配电室、环网柜等配电设备的位置进行安装。可以通过无线通信模块连接的方式，实现供电局、配电站与当地公用运营商网络之间的连接，并及时传输采集到的状态信息。

尽管无线公网通信技术具有覆盖范围广、可用性高、工程建设工作量小、网络维护工作简单、组网灵活、传输速率快等很多优点，但在应用中无线公网通信技术也有一定的局限性。①可靠性问题：无线公网通信技术借助运营商的公用网络传输数据，在遇到系统故障、维修甚至瘫痪时，不能由电网公司直接解决问题，需要运营商协调，不能保证网络实时可用。②安全性问题：在公用网络中的数据可能受到攻击，不能保证其安全性。③成本问题：虽然无线公网通信技术不需要电网公司自行搭建传输通道，节省了建设投资，但使用公网也需要收费，租赁公网将按照流量收费，电力系统终端设备数量的增长会导致公网租用费用也随之上涨。因此，在应用无线公网通信技术时，应严格限制其所能承载的业务类型，即禁止无线公网通信技术中运用控制类型的业务。

当前，无线公网通信技术有 GPRS 通信技术、CDMA 通信技术、3G、4G、5G 五种。随着通信技术的日益发展，GPRS 通信技术与 CDMA 通信技术正在逐渐淘汰，3G 和 4G 是现阶段全球普及、应用最广的通信技术。目前，我国已经开始建设 5G 基站，5G 基站铺设的速度已大大超过预期，5G 的全国普及和应用已成为无线公网通信技术的下一阶段目标。

1) GPRS 通信技术

GPRS 通信技术根据性能划分属于第二代通信技术。GPRS 通信技术通过将数据信息分割为数个小型数据包，满足在点对点或点对多点间进行数据传输的业务需求，使其既可以在多个通信通道内完成数据的传输，也可以在一个通信通道内传递多组数据。GPRS 通信技术具有高利用率的特性，因此其适用于数据传输次数频率高、数据传输量小和数据传输次数频率低、数据传输量大的情况，在配电网中主要负责负荷控制系统和无线抄表系统的数据传输。

2) CDMA 通信技术

CDMA 通信技术即码分多址通信技术，与 GPRS 通信技术相同，其按照性能划分属于第二代通信技术[11]。CDMA 通信技术在进行数据传输时，首先需要在信号发射端对数据进行调制，利用随机码带宽大于待传输信号带宽的原理，数据调制通过高速伪随机码对数据进行扩频，从而对数据信号带宽进行扩展。

3) 3G

3G 是第三代通信技术。我国 3G 使用标准有三种：宽带码分多址(wideband code division multiple access，WCDMA)标准、时分同步码分多址(time division-synchronous code division multiple access，TD-SCDMA)标准、码分多址 2000(code division multiple access 2000，CDMA2000)标准[12]。TD-SCDMA 标准作为我国第一个独立自主研发并最终制定的通信标准，被国际电信联盟采纳为国际标准，使得我国在通信技术方面的国际地位得到了很大的提升。

4) 4G

4G 是 3G 的进一步升级，与 3G 相比，其主要表现为通信系统的通信质量、通信容量和通信速率都得到了进一步提升，静态速率可以高达 1Gbit/s。4G 使用标准主要包括频分双工长期演进(long term evolution frequency-division duplex，LTE-FDD)标准和时分双工长期演进(long term evolution time-division duplex，LTE-TDD)标准两种，其中我国主导研发的是 LTE-TDD 标准。

5) 5G

5G 是一种新一代的宽带移动通信技术，其具有高速率、低延迟、大连接等特点。5G 已渗透各个行业和领域，成为支撑经济社会向数字化、网络化、智能化转型的关键技术。

4. 无线专网通信技术

无线专网通信技术是电力负荷管理系统中常用的、最主要的方式之一，其中 WiMax 通信技术、McWiLL 通信技术、230MHz 通信技术三种无线专网通信技术较为常见。与无线公网通信技术相比，无线专网通信技术的通信性能具有一定优势，但由于无线专网通信技术在频率资源、运行维护、前期建设成本及站址选择等方面还存在一些问题，对该项技术的普及运用产生了一定的消极影响。

1) WiMax 通信技术

WiMax 通信技术具备传输距离远的优势，使用该项技术仅需要建设少量通信基站就能够涵盖全部城区；带宽相对较宽，充足的带宽使得数据传输具备较高的传输速率与足够好的传输质量[13]。除了上述优点，WiMax 通信技术还可以同行业内其他专网进行无缝连接，因此其广泛应用于电力系统中。

2) McWiLL 通信技术

McWiLL 通信技术是同步码分多址(synchronous code division multiple access，SCDMA)无线接入技术的宽带版、升级版，是我国根据 SCDMA 无线接入技术完全自主研发出的新一代无线宽带接入技术。

McWiLL 通信技术取 3G 和 WiMax 通信技术二者的精华并克服二者的不足，采用先进的码扩正交频分多址、联合检测、智能天线等无线通信技术，其无线通信性能优于传统移动宽带无线通信技术。

McWiLL 通信技术具有覆盖面积大、安全性较高、带宽较宽等优点，这些优点使其可以为配电网自动化通信系统的数据传输提供可靠保证。应用 McWiLL 通信技术能够增大 IP 网络的覆盖面积，使电力系统中的无线宽带技术应用范围更加广泛，弥补现有电力系统技术的不足。

3) 230MHz 通信技术

230MHz 通信技术即 230MHz 数传电台通信技术。国家无线电监测中心特批 230MHz 频段范围的 10 个单工频点和 15 对双工频点专门用于电力系统数据的传输与控制[14]。230MHz 数传电台主要用于现场数据采集监测和控制。为了兼顾宽带通信系统和窄带通信系统的需求，最新规划中 223～226MHz 和 229～233MHz 将用于时分双工(time-division duplex，TDD)方式的宽带系统，226～228MHz、233～234MHz 和 228～229MHz 仍将用于窄带系统。

230MHz 通信系统具有安全性高、实时性强、组网灵活等优点。该通信系统无线组网技术十分成熟，能够满足大部分常规需求，因此其在电力系统中得到了广泛应用。该通信系统主要不足有三点：①相关工作人员需要具有相关专业知识；②受气候环境影响较大，特殊天气可能影响数据的实时输送；③覆盖面积较小，多数情况下仅能覆盖通信主站附近 60km。

5. 通信技术比较

通过以上几种通信技术介绍可以得出结论，每种通信技术都具备各自独特的优点、缺点以及适用范围，需要依据不同的环境条件和实际需求对通信方式进行最佳选择。

有线通信技术中的光纤通信技术具备传输速率高、传输容量大、抗电磁干扰能力强等优点，在通信建设方面可以优先选择光纤通信技术，但光纤通信系统的建设需要投入大量人力、物力资源，建设周期也较长，造成了一定的建设难度；电力线通信技术存在传输速率低、传输质量差等问题，导致其不能满足智能配电网的通信需求，不建议大规模使用电力线通信技术，可在光缆及无线移动宽带无法覆盖的地区，以电力线通信技术作为补充；虽然无线公网通信技术建设投资少，但是其运行成本高、通信安全性较低，因此可以在无线公网系统中完成除了控制类业务的其他业务，充分利用其覆盖面积广、组网灵活的特性；在已开展无线专网系统试点的地区，可以扩大配电终端接入规模，充分利用无线专网资源[15]。

参 考 文 献

[1] 张岚. 配电网自动化通信方式综述[J]. 电力系统通信, 2008, (4): 42-46.

[2] 金广祥, 张大伟, 李伯中. 国家电网公司“十二五”骨干传输网的发展[J]. 电力系统通信, 2011, 32(5): 65-69.

[3] 刘耀湘, 乐秀蟠, 李辉. 配电网信息通道的特点及应用[J]. 东北电力技术, 2005, (9): 42-45.

[4] 苏琳, 吕永东, 刘颂菊, 等. 配电网自动化系统利用 GPRS 技术通信探讨[J]. 山东电力技术, 2008, (4): 63-65.

[5] 苏永智, 潘贞存, 赵建国, 等. 基于 IEEE 802.16d 标准的馈线保护通信方案[J]. 电力系统自动化, 2007, (15): 79-83.

[6] 贾董鹏. 配电网自动化通信系统的研究与设计[D]. 广州: 华南理工大学, 2009.

[7] 张岚, 高鹏, 王澄. 南方电网配电网自动化通信系统的建设[J]. 电力系统通信, 2010, 31(11): 20-24.

[8] 刘晓茹. 配电自动化中通信系统的设计与评价方法的研究[D]. 北京: 华北电力大学, 2009.

[9] Choi T I, Lee K Y, Lee D R, et al. Communication system for distribution automation using CDMA[J]. IEEE Transactions on Power Delivery, 2008, 23(2): 650-656.

[10] 唐爱红, 程时杰. 配电网自动化通信系统的分析与研究[J]. 高电压技术, 2005, (5): 73-75, 86.

[11] Galli S, Logvinov O. Recent developments in the standardization of power line communications within the IEEE[J]. Communications Magazine IEEE, 2008, 46(7): 64-71.

[12] 姜有泉, 汤亚芳, 黄良, 等. 智能配电网无线通信系统可靠性研究[J]. 电力大数据, 2017, 20(12): 52-55, 83.

[13] Ericsson G N. Classification of power systems communications needs and requirements: Experiences from case studies at swedish national grid[J]. IEEE Transactions on Power

Delivery, 2002, 17(2): 345-347.

[14] 张坤. WLAN-3G 融合网络认证技术的研究与实现[D]. 西安: 西安电子科技大学, 2009.

[15] 黄炜. 基于 CDMA 网络的无线技术在配电监控系统中的应用[J]. 电工电气, 2010, (6): 31-33.

第3章　配电网自动化主站系统

建立智能电网是国家城市化的脉搏，也是城市现代化和发展的强心剂。能源电力供应自动化系统是智能电力供应系统的基础，更是系统能够安全运行和有效能源分配的保障。配电主站的主要功能，一方面是自动分配与调度控制、控制网络部件的运行和信息管理，从而起到自动收集、分发数据的作用；另一方面是为移动互联网、信息与能源系统计算、大型数据计算等新技术发展找准定位进行更新[1]。

配电主站监控整个配电网络的运行过程及配电设备的状态，使得各部分之间在网络协作自动化方面得到加强，盲目控制和网络规划两难境地也因此消除。如图3.1所示，配电主站系统包含许多子系统。

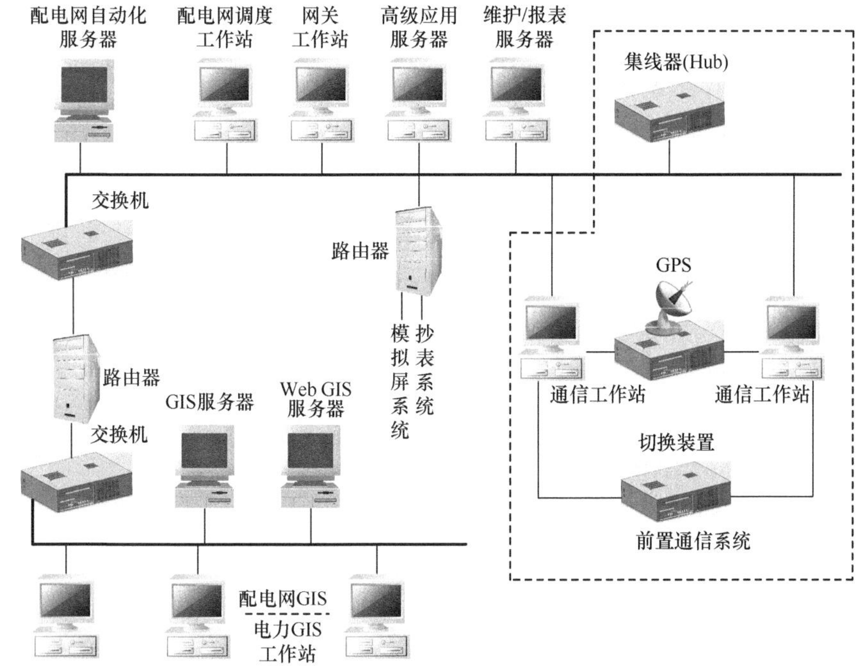

图3.1　配电主站的配置

数据采集与监控系统的主要功能为数据采集与实时监控。数据采集与监控系统主系统要求具有高安全性、高可靠性、高实时性，应包括数据收集与处理、通信与服务等核心功能，还包括管理网上信息、安全规划、报表打印以及网络服务等功能[2]。

数据采集与监控系统子系统可实现各种网络应用程序的计算和处理功能，从多个电源收集错误信息，并判断可安装隔离系统的错误类型。该子系统的错误检测与控制、故障隔离与恢复可分为以下几个层次。

第一层：以配电终端为基础检测故障、定位故障、控制故障，根据故障分配消除故障并恢复正常电源。

第二层：以配电终端/配电子站为基础定位故障、控制故障，根据故障分配消除故障并恢复正常电源。

第三层：以配电主站为中心进行高级识别控制并掌握全局。

数据的自动化分析和其他系统的数据交换为技术评估标准提供了技术支持。为了更好地满足配电系统的自动化需求，设计原则应符合国家标准，软件系统和硬件系统应满足电力公司的需求，并按国家标准扩大和保障电力供应[3]。

配电主站主要由计算机设备、操控设施、平台软件等构成。本章主要介绍配电主站的硬件系统与集成、软件系统与集成、系统信息等方面的知识。

3.1 配电主站硬件系统

3.1.1 硬件系统结构和设计原则

随着社会的高速、高质量发展，在设计和实施配电主站时需要与时俱进。为了配合配电网自动化和计算机技术的发展，应遵循以下原则[4]。

1. 配电系统运行的可靠性原则

配电系统运行的可靠性原则是配电系统能够安全运行的主要保障。在选择主机服务器时，为了使主机网络达到顺畅通信的要求，应选择高性能的服务器，必须引入两个网络的体系结构，并且性能指标必须高于各自工作场所的性能指标。

2. 配电系统运行的最佳盈利原则

当前必须充分考虑各种因素，使配电主站能够同时兼顾性能最大化和成本最小化。随着计算机技术的飞速发展和计算机性能的不断提高，不同操作系统的应用和开发呈现多样化的趋势，因此配电系统在设计时必须遵循最佳盈利原则。

3. 配电系统运行符合设计标准原则

目前，不是所有设备都需要特殊对待，如计算机、交换机和其他网络设备只要满足标准要求。但是，在选择操作系统时，需要多加注意，尽管各个厂商均支持电气与电子工程师学会(IEEE)、世界设计组织(WDO)等所规定的标准，各个制造商生产出来的设备仍然存在许多差异。图 3.2 为某城市配电主站硬件系统设备的配置图。

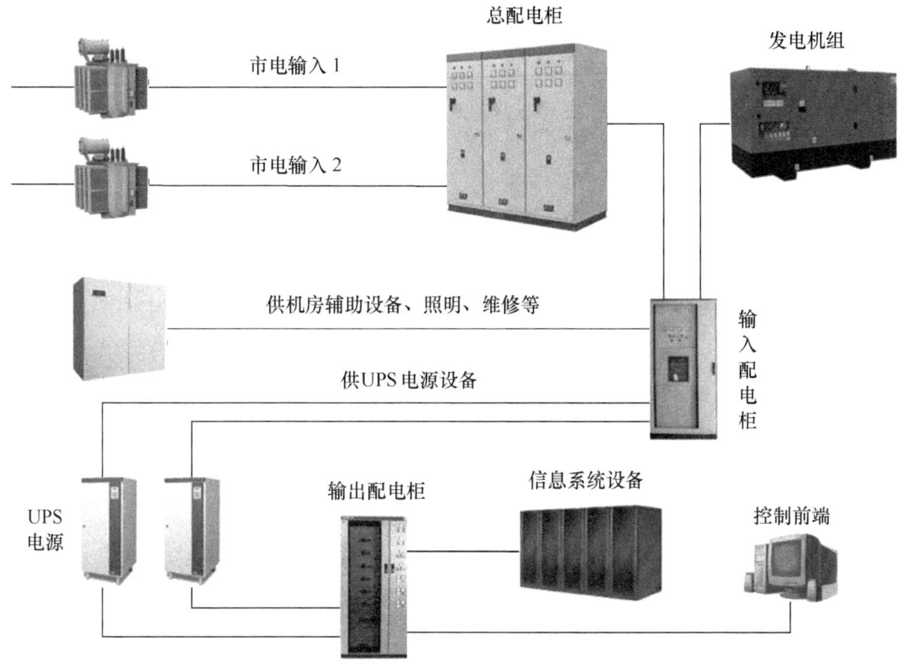

图 3.2　某城市配电主站硬件系统设备的配置图

4. 配电系统运行的安全可靠性原则

安全可靠性原则针对的主要是配电主站中网络工作站系统的设计，主要内容包括：设计并确认二级及以上密码，使其实现实时数据库的远程转发控制和配置功能；在多个防火墙中配置报警功能，使其阻挡配电主站网络以外的计算机侵犯，令配电主站计算机调出主网。

5. 配电系统运行的可延展性和可开放性原则

配电系统运行的可延展性和可开放性是指：①体现在数量上，配电主站计算机网络设备的数量可增可减；②体现在功能上，应用于其他系统的接口，其功能可延展、可开放。

为了配电主站的稳定运行,必须遵循国际先进的系统硬件和配电网设计原则，满足保养要求，完善功能和性能。此外，在硬件配置上，对其功能、容量和结构等要求，均应在考虑范围内。

配电主站硬件系统的总体设计应考虑以下几点[5]:

(1) 硬件系统应开放配置，使其具有系统化、分布化、再设计化的标准。

(2) 硬件系统不仅需要采用标准化的规定，还应具有良好的性能，如可替代性、开放性等。这些产品包括商业数据库、操作系统、网络设备及其协议、计算机及其衍生产品等。

(3) 硬件系统配置应同时兼顾运行标准、性能要求以及安全原则。系统主网应接受双交换机系统机制。

(4) 对于防火墙的使用，若硬件系统在收集数据时使用无线网络，出于安全性，则应采用物理隔离和防火墙保护。

(5) 在设计硬件系统时，要兼顾未来系统的管理要求及正式运行后某一时间段内的发展需要。

(6) 硬件系统在设计时应将设计与需求一一对应，如处理能力应满足配电网自动化的性能要求、规模大小应满足配电网自动化的功能要求、存储大小应满足配电网自动化的容量要求。

(7) 硬件系统中发生单一错误，应保证不发生连锁反应，不影响主要功能，也不应丢失包含信息。

在设计配电主站硬件系统时，除了需要满足上述几点要求，对于规模大小不同的配电主站，其硬件系统的配置也不相同，主要体现在以下几方面:

(1) 服务器性能的差异。

(2) 存储设备的容量和功能差异。

(3) 数据采集设备的功能和采集到的数据数量的差异。

配电网自动化系统的体系结构既是开放式的，又是分布式的。硬件系统设备主要分为采集、网络、服务和工作几大类，如图 3.3 所示。网络部分包括配电主站主局域网、数据采集网和 Web 服务器网等。根据不同的功能，服务器可分为前置机、数据库和应用服务器等。工作站极其重要，因为它作为使用并维护配电主站的窗口，在满足规模与性能的需求下，可与服务器进行任意组合。

3.1.2　硬件系统功能部署

配电主站硬件配置既是开放式的，又是分布式的，由服务器、磁盘阵列、工作站、前置系统、网络设备等分散构成。图 3.4 为某城市配电主站硬件配置功能示意图。配电主站从功能上主要划分为三部分：安全Ⅰ区、安全Ⅱ区和安全Ⅲ区，分别对应的功能为实时监控、公网数据采集和 Web 发布。

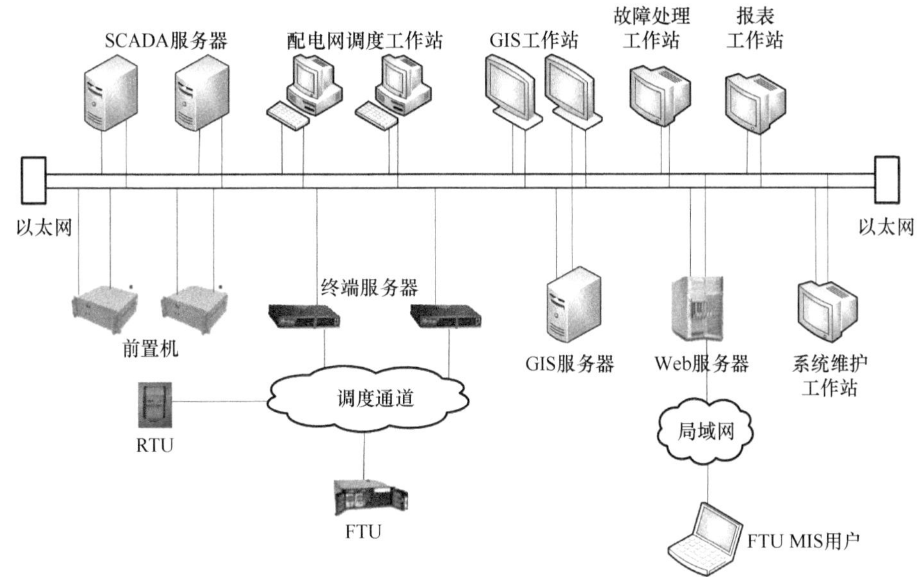

图 3.3　配电主站硬件系统设备示意图

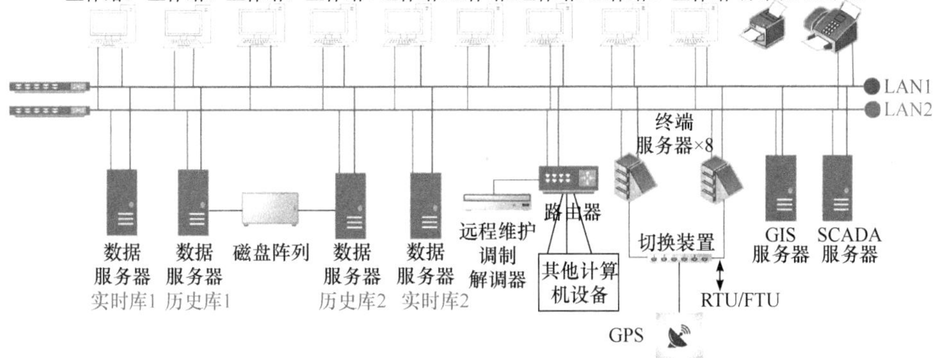

图 3.4　某城市配电主站硬件配置功能示意图

1. 服务器

系统服务器拥有碎片化技术，并对系统的数据具有容错性[6]。

配电主站硬件配置的服务器主要包括以下几种：

(1) 数据采集服务器：主要功能是对配电网 SCADA 系统进行数据采集及系统时钟对时。结合配电网数据采集系统，可以用较少的数据完成线损计算。

(2) SCADA 服务器：主要功能是对配电网 SCADA 系统进行数据处理与控制，管理模型、权限、报表以及系统等报警服务，运行监控终端。图 3.5 为配电网 SCADA 系统的硬件系统。

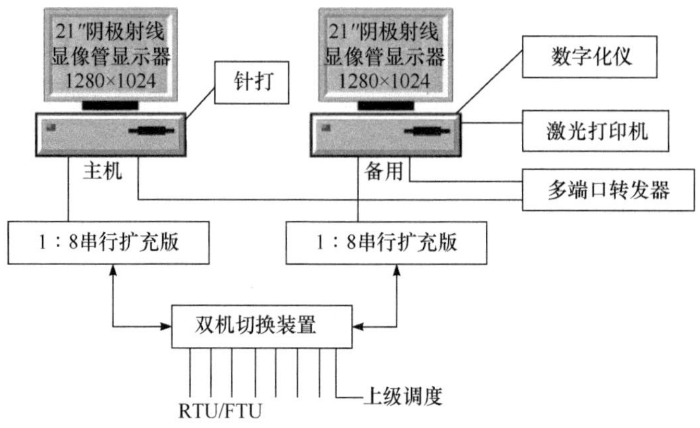

图 3.5　配电网 SCADA 系统的硬件系统

(3) 历史数据库服务器：主要功能是完成管理数据库中的数据整理，对其进行备份、恢复与记录。

(4) 配电网应用服务器：主要功能是全面处理故障数据。

(5) 动态信息数据库服务器：主要功能是处理并存储历史数据。

图 3.6 为配电系统的数据库硬件系统。

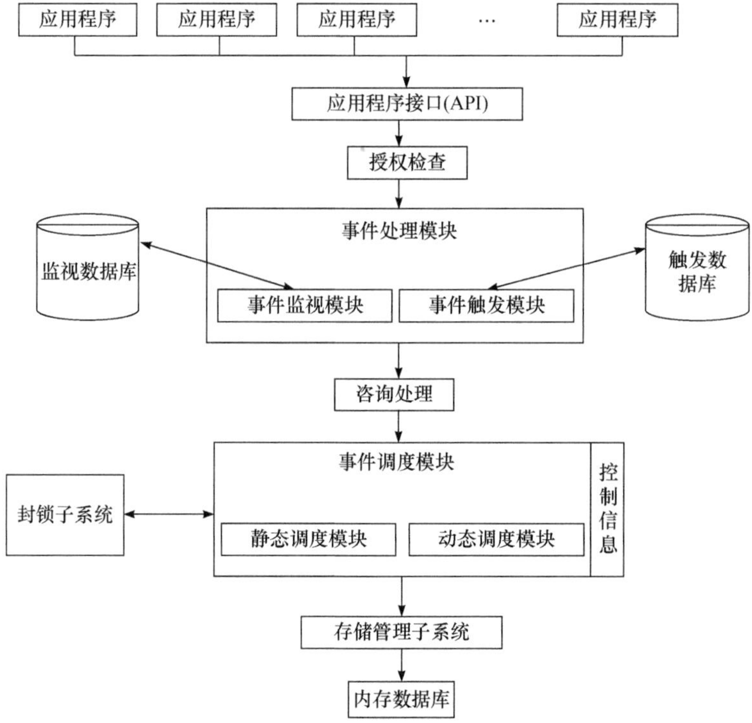

图 3.6　配电系统的数据库硬件系统

(6) 接口适配服务器：主要功能是交互外部系统数据信息。

(7) 服务器工作站：主要功能是配电网调度、维护、报表以及人机交互。

(8) Web 服务器：Web 服务软件起到数据共享的作用。配电网自动化系统的实时数据软件图形数据和历史数据通过公用网络上的服务器进行传输，用户可以远程查看当前设备的信息，及时处理一些数据和事件。

(9) 公网数据采集服务器：主要功能是公网配电终端(如 FTU、TTU、可通信故障指示器等)的实时数据采集。

以上(8)、(9)中的服务器安装配置在安全Ⅲ区。

2. 磁盘阵列

为保证电网描述性和历史性数据存储、交换和管理的高可靠性，磁盘应具有高访问速度、高效存储和冗余数据自动备份等特点。

3. 工作站

工作站配置在安全Ⅰ区，主要功能是配电网调度、检修、报表以及实现人机交互。

(1) 配电网调度工作站：在安全Ⅰ区设置配电网调度工作站，在图形模式下完成数据查看、远程控制、监控等功能，采用双机制进行远程控制，使得配电网上的每个工作站都可以在两个屏幕或一个大屏幕上显示。

(2) 维护工作站：在安全Ⅰ区配置维护工作站，用来维护不同的数据库，设计和修改不同的图形，维护系统功能和权限，数字化地插入和管理数据，维护和管理数据库，完成工作站的网络和系统安全维修工作，协调整个系统的工作，保证其完整性。同时，配电主站网络的核心数据也可以通过维护工作站发布。

(3) 报表工作站：在安全Ⅰ区设置报表工作站，用来完成多份报告的编制和维护、连接打印机。其他节点的呼叫压力可以通过配电管理系统进行网络共享。系统必须配备两种类型的打印机：一种是连接到配电网调度工作站的宽范围针式打印机，用于实时打印；另一种是激光打印机或喷墨打印机，用于打印报告、图表等。

工作站大多采用机架式安装，应具有先进的中央处理器(central processing unit，CPU)、高速总线和总线输入/输出(input/output，I/O)技术。

4. 前置系统

前置系统是主服务器与现场设备之间的桥梁，前端通信设备是实现对现场设备分布监控、控制和收集数据的关键环节。两台前端设备按照主模式和备用模式工作，主要功能如下：

(1) 采集数据，并将其实时传输到互联网上。

(2) 数据预处理，如将信息转换成不同的通信配置、监控和传输源通信代码。

(3) 向远程智能设备发送主控命令，如远程控制、定时、参数下载等，完成对开关、分离器、变压器的远程控制。

两台前置机通过网络相互监控，进行自动更改和手动更改。自动更改根据系统运行状态自动进行切换，手动更改则根据操作要求强制服务器上的原机退出备用状态，并将备用机调整到备用状态。

5. 网络设备

主干网是配电主站的通信中心，一般为 100MB 的以太网，其主要作用是防止在发生错误时产生串联，影响整个系统的正常运行。

在配电网自动化过程中需要加入大量的配电终端，以满足对组成配电网自动化通信系统的开关柜、环网柜、负荷开关和配电变压器等设备的监测和遥控，数量庞大的低压用户控制终端和智能抄表终端的接入将形成数量较多的通信节点。以上所有硬件系统的功能部署如图 3.7 所示。

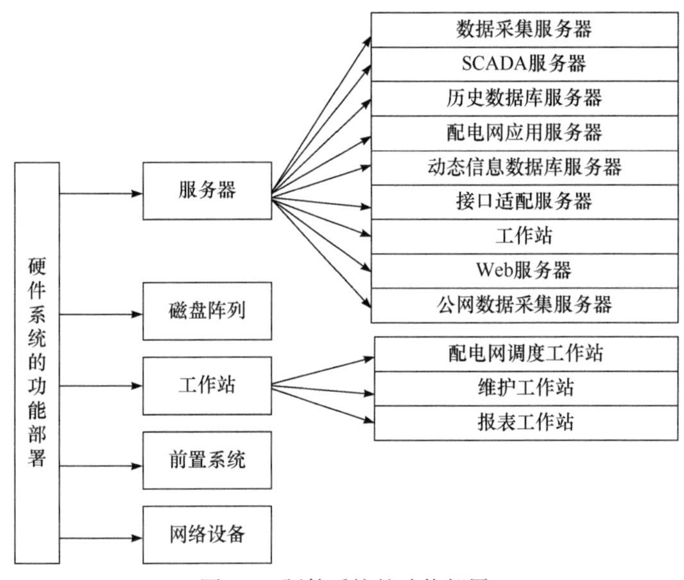

图 3.7　硬件系统的功能部署

3.2　配电主站软件系统

3.2.1　软件系统功能

为了提高配电网的监控和管理水平，为网络用户提供高质量的服务与电能，配电主站软件系统起着重要作用。图 3.8 为配电主站软件系统主要流程图，其主要功能如下[7]。

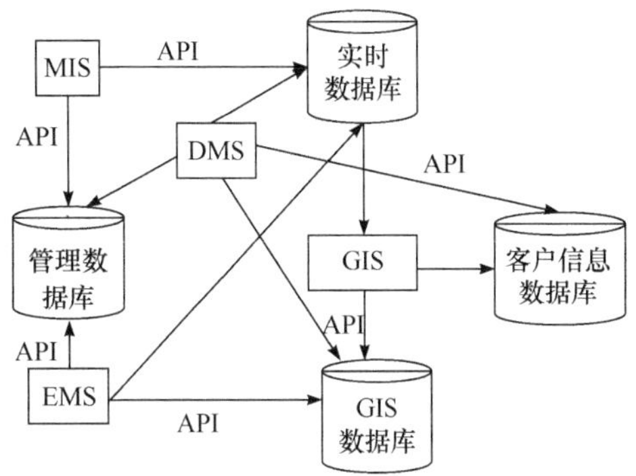

图 3.8　配电主站软件系统主要流程图

(1) 配电网实时数据采集与控制：配电主站可以远程监控配电网并采取保护措施，将操作数据等相关信息传送到配电主站。

(2) 配电网自动化功能：用于快速定位和隔离故障线路，恢复无中断区域的供电。

(3) 配电网地理信息管理：以地理地图为基础，对设备等进行分级管理，其主要包括自动画图(automated mapping，AM)、设备管理(facility management，FM)以及 GIS 管理。

(4) 配电网应用分析：分析并运行数据，做出包括拓扑结构计算、能量流计算、模拟监控等的辅助决策[8]。

(5) 与管理信息系统接口：根据相关要求，软件系统应与管理信息系统交换数据。

(6) 控制变电所中低压设备：配电网应安装传输模块接收数据。

3.2.2　软件系统设计原则

配电主站软件中 SCADA 系统的基本功能和通信功能如图 3.9 和图 3.10 所示。其中，最重要的一点是要求 SCADA 系统能够对应用软件功能进行逐级排序构建，并根据实际情况及研发条件来满足配电主站的具体需要。配电主站软件按组件的层次结构分为高级应用软件、支撑软件和操作系统软件三部分。为了满足即插即

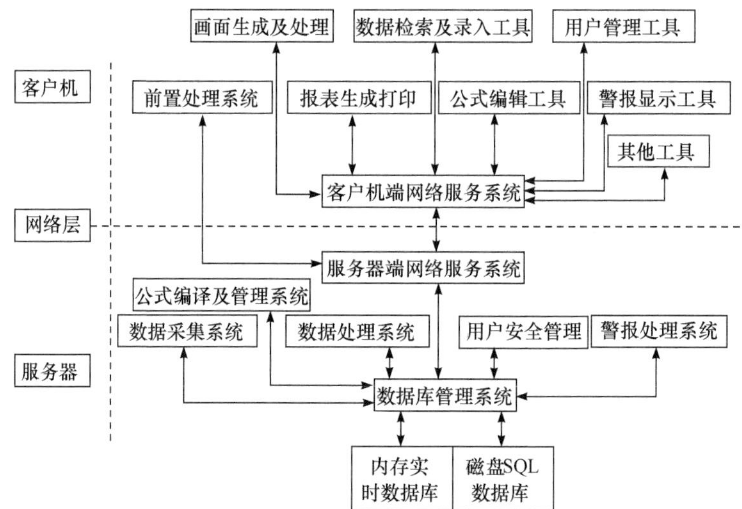

图 3.9　配电主站软件中 SCADA 系统的基本功能
SQL 代表结构化查询语言

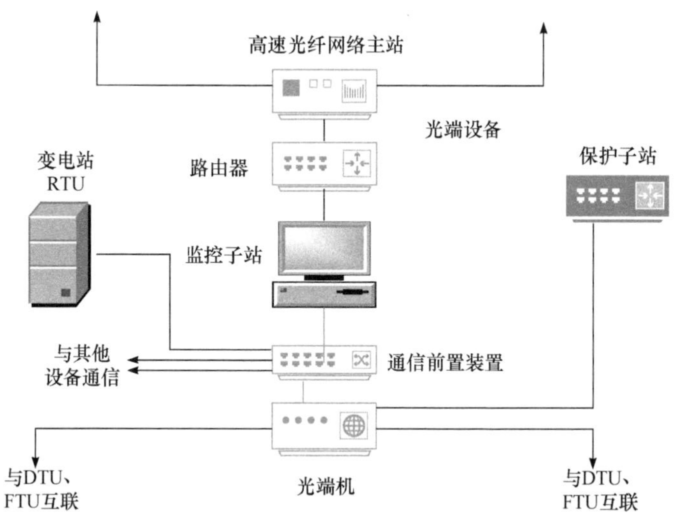

图 3.10　配电主站软件中 SCADA 系统的通信功能

用的要求，站内所有软件都必须符合国际标准[9]。

软件系统的总体设计应遵循以下原则：

(1) 软件系统必须具有国际的、系统的、有一定规格的软件及其许可证，其中，软件配置必须满足系统要求。为保证软件系统的灵活适应程度、安全可靠性以及便于修理扩大性，系统采用模块化的结构。

(2) 软件系统应是开放的，便于第三方的介入与执行。

(3) 软件系统中的数据库模块包含并适用于所有数据类型；数据库的不同性

能均满足指标要求；为了保证时效性，数据库的访问时间需要保持在 0.5ms 以内；为了遵循数据的可修改、可找回原则，其修改记录、更改人、变更前内容、变更时间等信息应该保留。

(4) 软件系统的操作系统包括系统安装包和构建系统等。操作系统可以最大限度上保护数据、支持用户以及管理设备。

(5) 软件系统应使用组态软件生成满足功能要求的数据，为用户提供可扩展组态软件功能的组态工具及编程工具。

(6) 软件系统的软件应用必须是模块化的，在实时性和检测功能上具有良好的可扩展性和响应性，即使有软件出现错误，在提示后也能保证其他软件正常运行，即应用程序和数据相互独立、互不影响。

(7) 软件系统的某项功能出现异常，也必须保证其他功能可以正常工作。

3.2.3　软件系统结构

配电主站软件系统必须完全满足容量和功能的扩展需求，配电主站软件系统包括应用层、平台层和操作系统层，具体结构如图 3.11 所示[10]。为了使配电主站分布在异构平台上，应将软件系统结构进行模块化的设置。软件模块必须符合 IEC 61968、IEC 61970 CIM(公共信息模型)标准，接口必须符合各方权威标准。

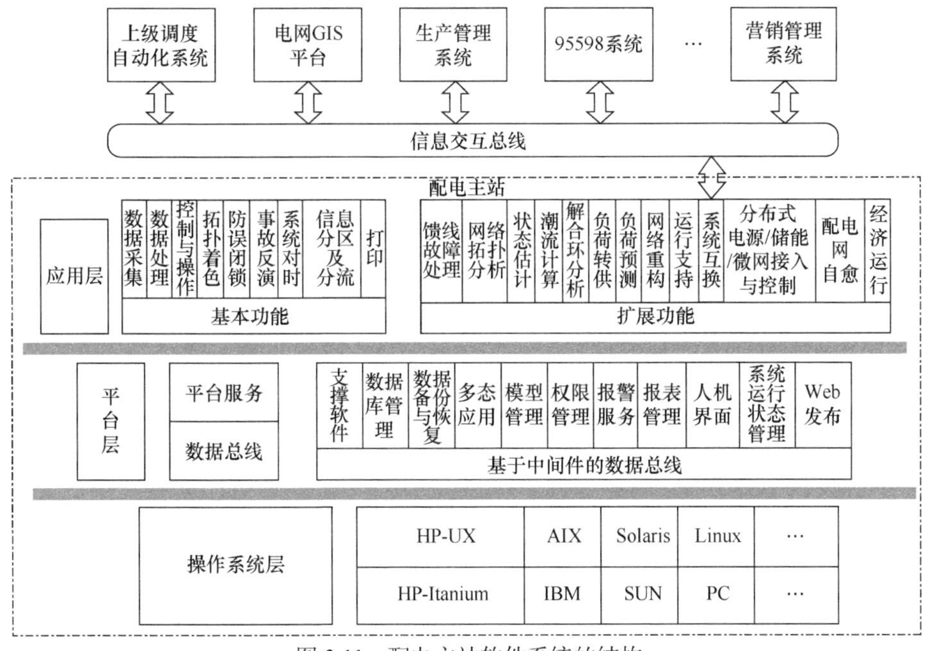

图 3.11　配电主站软件系统的结构

1. 高级应用软件

先进的高级应用软件在配电管理系统中发挥着重要作用，通过它可以测量配电网运行的实时状态，以便于更好地发挥潜能。高级应用软件所提供的机制相互制约，更有利于系统的稳定运行，因此其基本功能为优化网络运行。配电网结构繁杂错乱，网络设备运行复杂，因此实时性是其供电的重点。

高级应用软件的应用依靠一定的信息数据，其主要来源包括以下几种：

(1) 手动输入系统，如系统运行参数、处理器参数等静态数据。

(2) 计划参数，特别是未来预期的运行参数，如计划的减负荷和维护安排等。

(3) 由 SCADA 系统收集到的数据。

2. 支撑软件

支撑软件包括数据库管理系统和 GIS 开发平台等，如图 3.12 所示。支撑软件在统一标准下提供一个高开放性的环境。当前，SQL Server、DB2、Sybase、Oracle 等数据库软件广泛应用于配电网自动化系统。对于整个系统，支撑平台属于其中心地带，其合理性关联整个系统。

图 3.12 支撑软件组成示意图

集成总线覆盖遵循 IEC 61970 CIM 标准，对应用系统进行独立集成，提供基于消息的信息交换，并采用来自分布式系统的先进对象技术。集成总线起关键作用，它不仅提供了要素与系统之间的标准化机制，同时也为如何将第三方软件永久整合到系统中提供了合理的途径。

支撑软件中的公共服务层提供了若干个应用系统服务，以实现如报警服务等应用功能。公共服务层是指若干工具的总称，通常是通用工具，而应用软件通常是业务领域内解决难题的一个重要途径。为了设计出满足不同功能需要的公共服务层，对各种应用需求进行分析和总结如下：

(1) 图形化工具是用于图形的可视化、编辑、集成功能的图形模型库。

(2) 报告工具用于为不同的应用程序生成多个统计报告。

(3) 报警服务用于解决多种情况，可提供注册、分类和管理等服务，并以某种方式传输报警信息。

(4) 网络服务示意图如图 3.13 所示，供电局内部网络主要由 SCADA 系统服务器、用电系统服务器、GIS 服务器、Web 服务器、配电网 MIS 服务器、负荷系统服务器、GIS 工作站以及 Internet 服务器等组成。

(5) 系统管理包括过程、配置、数据和信息管理等，以提供完整的管理服务，支持应用系统功能的执行，不需要实现本身的管理机制。

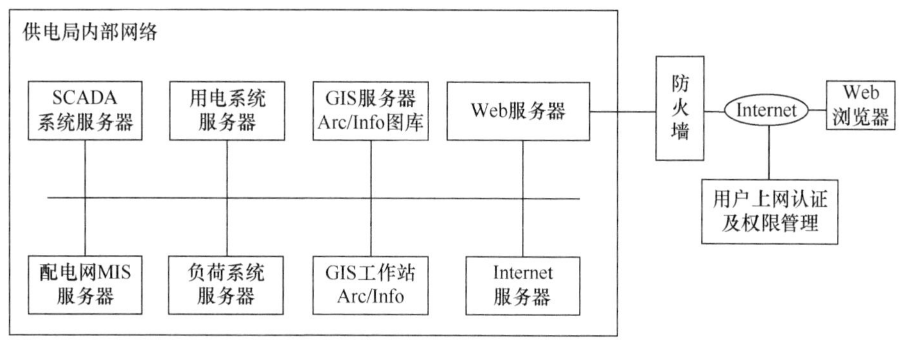

图 3.13　网络服务示意图

(6) 配电网分析服务为配电网分析提供应用组件服务，如能量流计算、转运等。

(7) 流程服务，即流程的个性化、图形化制定。

配电网软件系统的平台层有许多模块，不仅包括支撑软件模块，还包括数据库管理界面、报表系统和人机交互界面等。

数据库管理界面是支持实时数据库应用的人机界面。用户可看到三个主要窗口：调度员界面主窗口、调度控制台主窗口和接线图主窗口，这是调度员操作的交互区域[11]。

调度员界面主窗口可以执行以下操作。

(1) 查询操作：主要用于查找参数和观察曲线。

(2) 图形操作：图形放大、表面扩展、图形图层、平面更改、地图适配、打印机配置、遥信停止、屏幕复制。

(3) 事故报警操作：报警模式包括弹出事件窗口、事件跳转图、模拟磁盘闪烁报警等，发送方可根据需要指定任何组合的报警模式。

(4) 事故追忆操作：包括事故反向法和数据显示法。

调度控制台主窗口可以自动提取图形，通常包括流程管理、数据库管理、高级应用程序管理等。

接线图主窗口主要完成调度员电网操作和图形操作。此窗口分为工具条、窗口客户区以及状态条三部分。

3. 操作系统软件

操作系统软件专门用来控制和管理计算机资源，使用户具有不同的权限及服务，主要功能包括数据管理、信息规划、时间调度和设备自诊断等。实时且稳定是操作系统的基本功能，目前最常用的系统是 UNIX 系统和 Windows 系统。

3.3 配电主站集成方案

3.3.1 SCADA 系统

配电网自动化的基础是数据采集与监控系统，数据的采集和监控是配电系统自动化的一个底层模板[12]。SCADA 系统主要包括两部分，一部分是配电网 SCADA 系统，另一部分是输电网 SCADA 系统。就目前的发展形势来看，输电网 SCADA 系统的技术比较成熟。随着配电网自动化的建设与发展，配电网监控中引入了 SCADA 系统，尽管配电网 SCADA 系统发展较晚，在功能上也与输电网 SCADA 系统基本相同，但是配电网 SCADA 系统的结构更复杂，数据量更大。配电网 SCADA 系统有如下几个特点：

(1) 配电网的设备较多，配电网 SCADA 系统的设备比输电网 SCADA 系统多一个数量级。

(2) 配电网 SCADA 系统要求具有很高的数据实时性，除此之外，还要求采集到的信息能够反映配电网的故障状态。

(3) 配电网管理体系对系统互联性有很高的要求，配电网 SCADA 系统的开发性良好。

(4) 低压配电网的三相网络不平衡，因此配电网 SCADA 系统数据采集和计算复杂性都将大大增加。

配电网 SCADA 系统中存在大量分散的数据采集点，与其他子系统相比，它对数据传输的实时性要求是最高的。构建配电网 SCADA 系统通信的主要工作是根据配电网 SCADA 系统的复杂性、系统规模和预期的自动化水平来组织和选择通信方式。

配电网 SCADA 系统的测控对象包括容量小的户外分段开关和容量较大的开闭所[12]。因此，最好采用分散的室外分段开关控制器，将多个点集合起来，然后将综合区域站的数据上传到控制中心。如果分散点太多，甚至可以多次拼装，既可以节约主路，又可以使 SCADA 系统继承输电网自动化的成熟成果。配电网 SCADA 系统的分层集结体系结构如图 3.14 所示。

3.3.2 GIS

配电网 GIS 利用现代地理信息系统技术，将地理信息和用户信息与配电系统相结合，并应用配电网自动化的管理和生产系统，最终构成配电管理系统。GIS 包括配电网生产管理系统、优化改进信息管理系统、配电网建模系统、配调管理系统以及配电网生产 WebGIS 管理系统。下面对 GIS 的结构组成进行介绍。

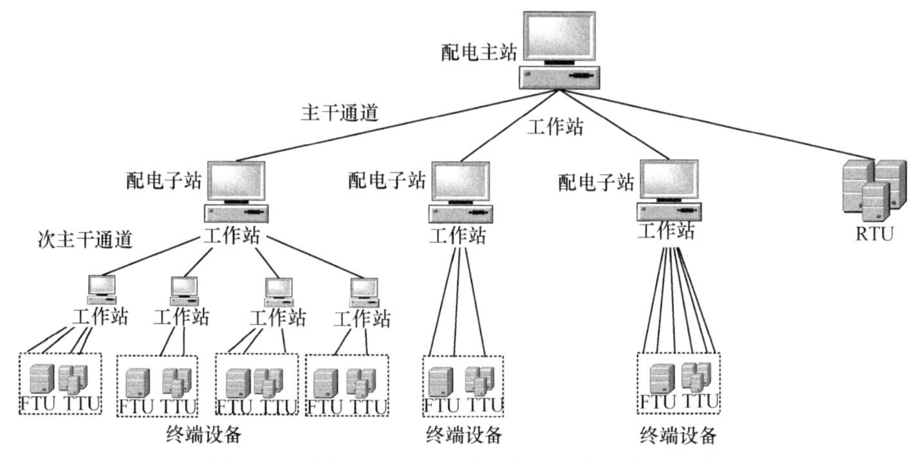

图 3.14 配电网 SCADA 系统的分层集结体系结构

1. 硬件系统

GIS 硬件系统包含的设备主要有计算机主机、数据存储设备、数据输入输出设备和通信传输设备等。

2. 软件系统

GIS 软件系统包括操作系统、GIS 开发平台、GIS 应用软件和数据库管理系统。

1) 操作系统

操作系统是 GIS 软件系统的核心，目前用户工作站一般采用 Windows NT、Windows XP 等操作系统，网络操作系统一般采用 UNIX、Windows NT Server、Linux 等[13]。

2) GIS 开发平台

商业化的 GIS 开发平台有 20 多种，目前我国电力行业运用最多的开发平台有 ArcInfo、MapInfo 和 GROW 等。

3) GIS 应用软件

可以利用 GIS 开发技术实现对 GIS 应用软件的具体应用，配电网自动化系统的 GIS 就是通过 GIS 开发技术实现的。

4) 数据库管理系统

GIS 中的实时动态数据和资料数据是通过数据库管理系统进行管理的，目前大多数系统均采用关系型数据库管理系统。

3. 系统的组织管理人员和开发人员

GIS 能够灵活地分析模型提供的各种信息，以服务研究和决策。这些工作均需要工作人员先进行组织和管理，再对数据进行维护、更新与完善。此外，还需要规划和协调各个部门内部的相关业务，从而使 GIS 适应多方面的服务要求，实现现有的计算机与其他设备的互补，同时还需要详细地规划 GIS 项目的方案和过程，以保证项目的顺利实施。

4. 地理数据

地理数据是 GIS 的研究对象，它是指自然、社会、文化以及经济景观存在的数据，包括属性数据和空间数据，GIS 应用项目也是地理数据的重要工作之一[14]。

5. 计算机网络

计算机网络包括资源子网、通信子网和通信协议。常见的计算机网络拓扑结构的连接方式主要有环型、星型、树型和总线型等。

基于 GIS 的配电网自动化的潮流计算需要满足收敛快、速度快、易使用、所占内存小、具有网孔处理能力等要求。

3.3.3 SCADA 系统和 GIS 集成方案

SCADA 系统和 GIS 之间相互融合，相辅相成，集成系统使用的共享图形数据源和实时数据、历史数据源是相同的。在 AM/FM/GIS 中，SCADA 系统可以利用实时数据和历史数据来实现集成的要求。SCADA 系统和 GIS 集成方案如图 3.15 所示。

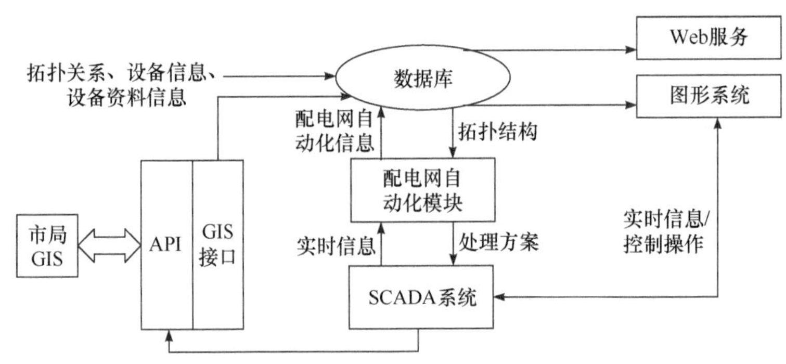

图 3.15　SCADA 系统和 GIS 集成方案

在 SCADA 系统和 GIS 集成方案中，加入了一台镜像工作站，从而达到 SCADA 系统和 GIS 可以互相通信的目的。系统安装了 SCADA 系统和 GIS 通信的接口模块，该模块可以实现两个系统之间的信息交互和信息转换，也可以及时地将更新后的数据信息存储到数据库中，方便使用[15]。

GIS 获取到的数据可以通过接口模块提供的应用程序接口在 GIS 中显示出来。SCADA 系统可以通过 API 得到 GIS 的设备数据和网络拓扑结构，并将得到的数据信息保存到数据库中。若 GIS 数据发生了变化，则 SCADA 系统将会快速地获取信息，然后将变化后的数据重新保存到数据库中。

系统集成的一体化可以实现如下功能：

(1) 实现配电系统人机界面的集成。配电主站的集成系统使用是十分方便的，它包含图形编辑器和显示器，可以将获取到的数据信息或图形及时显示出来。

(2) 实现配电系统数据的集成。通过 API 读取和实时数据显示，数据的集成可以将各种信息进行整合统一，这样就可以实现数据信息之间的共享，并体现数据的独特性。

(3) 综合配电系统的功能分布。SCADA 系统与 GIS 之间的运行是没有关系的，因此保证了系统运行的稳定性。

3.3.4　信息交互系统集成方案

根据 IEC 61969、IEC 61970 CIM 标准，配电网信息交互总线要完成配电网自动化系统和相关业务系统之间的建模和数据交换，其前提是相应数据必须满足一致性。此外，信息交互总线的拓展功能可以提供消息，当现有消息格式不允许使用时，可以借助信息交互总线来完成配电网自动化信息交互的相应要求。

常见的信息交互方法主要包括映射点插值法、常体积插值方法、反距离权重法以及径向基函数法。下面主要对映射点插值法进行介绍说明。

映射点插值法的主要思想是将待插值的网格点投射到已知的单元格中，然后利用函数求出映射点在所映射单元中的占比系数。这种算法可以保证待插值节点与映射单元节点的位移相等。映射点插值法是局部插值法中最常用的方法，该方法的基本原理如图 3.16 所示。

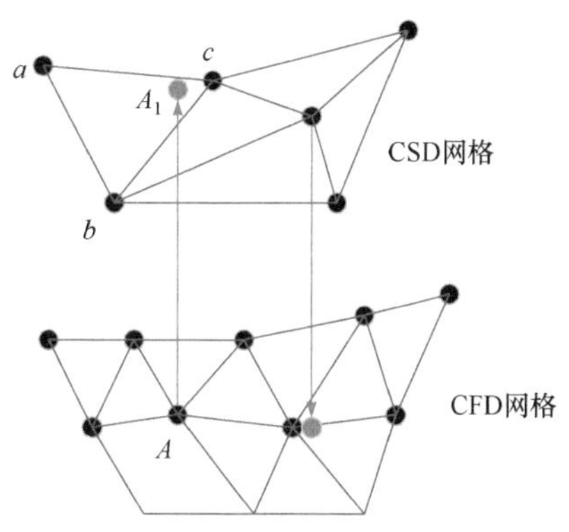

图 3.16　映射点插值法的基本原理

3.3.5　馈线终端集成方案

馈线终端单元(FTU)通常安装在低压架空线路上，用于监测和控制真空断路器与负荷开关，由处理单元、人机对话模块、采集模块、通信模块等构成[16]，

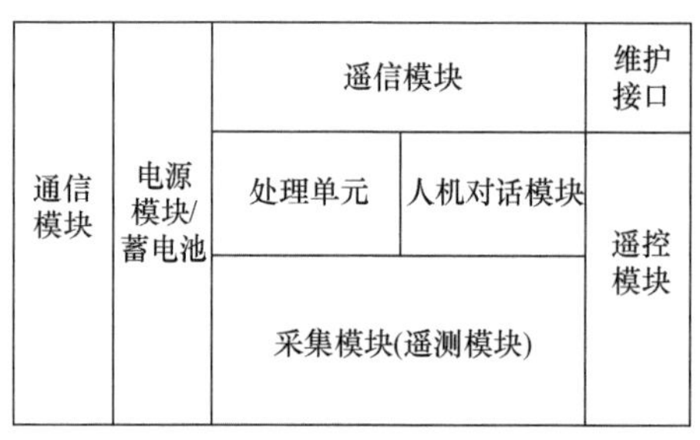

图 3.17　FTU 示意图

FTU 示意图如图 3.17 所示，其主要功能如下：

(1) 依靠采集模块采集线路的运行状态数据，如电流电压和开关状态等，通过通信模块将数据上传至配电主站。

(2) 对线路进行保护，利用处理单元对线路运行状态进行分析，当发生故障时，就地对故障进行隔离，并将故障信息上报给配电主站。

因 FTU 采用的是就地式保护模式，在对故障进行隔离时不需要配电主站遥控指令，只需要通过遥控模块就可将故障信息上传至配电主站，并由配电主站发出报警信号和故障信息来调度人员进行故障恢复的工作。因此，FTU 对通信网络要求不高，采用无线通信方式即可。

参 考 文 献

[1] 郭谋发. 配电网自动化技术[M]. 北京：机械工业出版社, 2018.

[2] 龚静. 配电网综合自动化技术[M]. 3 版. 北京：机械工业出版社, 2019.

[3] 杨武盖. 配电网自动化技术[M]. 北京：中国电力出版社, 2014.

[4] 曹伟. 电网企业调度自动化主站系统的应用研究[J]. 中国新技术新产品, 2017, (10): 6-7.

[5] 关雄韬. 对配网自动化主站规划与建设的探讨[J]. 机械与电子, 2017, (25): 125-126.

[6] 徐德勇. 配电网自动化主站系统的结构, 功能及操作系统的选择[J]. 广东科技, 2016, (10): 108-109.

[7] Adomavicius G, Tuzhilin A. Toward the next generation of recommender systems: A survey of the state of the art and possible extensions[J]. IEEE Transactions on Knowledge and Data Engineering, 2015, 13(6): 36-38.

[8] Yuan Z, Olsson G, Cardell-Oliver R, et al. Sweating the assets-the role of instrumentation, control and automation in urban water systems[J]. Water Research, 2019, 45(24): 155.

[9] 魏巍. 地理信息系统 GIS 在配电网自动化中的应用[J]. 集成电路应用, 2020, 37(8): 32-33.

[10] 莫沙纱. 论地理信息系统在配电网自动化的优化运用[J]. 技术应用, 2019, 26(12): 146-147.

[11] 彭元庆, 程洪锦. 简单配电网自动化系统终端和主站设计[J]. 湖南电力, 2020, 40(2): 82-86.

[12] 刘钊, 吴圣芳, 戴如清. 主动配电网主站方案研究[J]. 电力勘测设计, 2020, (S1): 143-146.

[13] 张磐, 丁一, 葛磊蛟, 等. 新型配电自动化主站应用功能设计与信息交互技术[J]. 电力电容器与无功补偿, 2020, 41(3): 126-134, 140.

[14] Meier A, Stewart E, McEachern A, et al. Precision micro-synchrophasors for distribution systems: A summary of applications[J]. IEEE Transactions on Smart Grid, 2017, 8(6): 2926-2936.

[15] Ericsson G N. Classification of power systems communications needs and requirements: Experiences from case studies at swedish national grid[J]. IEEE Transactions on Power

Delivery, 2016, 2(1): 555-556.

[16] Saeed H, Mahmud F F. Integrated planning for distribution automation and network capacity expansion[J]. IEEE Transactions on Smart Grid, 2018, 34(21): 1.

第 4 章　馈线自动化

4.1　配电网自动化远方终端设备

4.1.1　微机远动终端

微机远动终端是一种智能化的计算机产品，其主要作用是连接馈线主站与配电系统之间的信息，并对电力系统中的运行数据进行监管与控制，从而保障系统的稳定运行和馈线自动化的顺畅实行。

通常在配电网变电站中安装远程终端单元(RTU)来提高其自动化水平，形成更为智能化的配电网。RTU 是仅含一个中央处理器的智能模块微机远动装置，其有六个基本且重要的功能，分别为四遥(遥信、遥测、遥控、遥调)功能、事件顺序记录(SOE)功能、系统对时功能、电能采集功能、电力系统数据采集与监控系统通信功能以及自恢复和自检测功能。

1. 四遥功能

遥信指的是测量远方状态信号状态量及保护的信息；遥测指的是远距离测量变电站内的电压、频率、功率等信息，便于值班人员进行数据监测；遥控要求其错误动作率不高于 0.01%；遥调指的是对变压器分接头、发电机输出功率等控制量进行远程调试。

2. 事件顺序记录功能

事件顺序记录功能是指当电力系统运行出现故障、发生事故时，远动装置自动记录继电保护装置的动作情况并予以存储记载。当配电主站需要该信息时，远动装置进行传送，以便对系统事故进行故障分析。SOE 的主要技术指标是变化站内的分辨率。系统内对时误差一般要求在 20ms 以内，SOE 的时间分辨率不大于 10ms。

3. 系统对时功能

SOE 的工作机制体现了远动装置与调度中心时间同步的必要性。针对这一目的，现如今采取全球定位系统来获取标准的时间信号，以达到系统内的时间同步，从而实现在全球定位系统的时间基准下全站内的运行监督和事故故障分析。

4. 电能采集功能

电能采集功能可以采集变电站内各条进线、出线以及主变两侧的电能。

5. 电力系统数据采集与监控系统通信功能

如图 4.1 所示，RTU 可以根据结构和采样方式等进行分类。

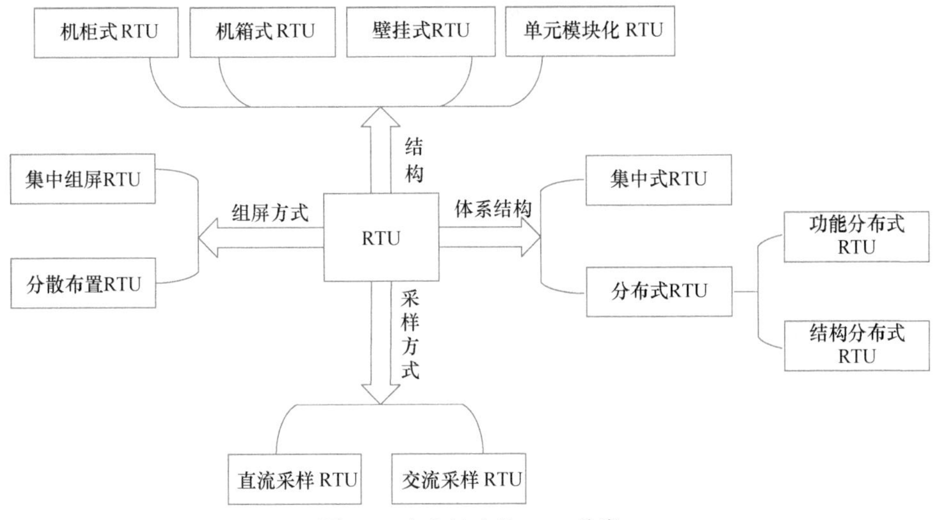

图 4.1　变电站内的 RTU 分类

RTU 根据其体系结构可大致分为集中式 RTU 和分布式 RTU 两类。集中式 RTU 为单 CPU、集中组屏，主要应用于小型配电网变电站。分布式 RTU 按功能进行分块，其微机远动装置如图 4.2 所示。

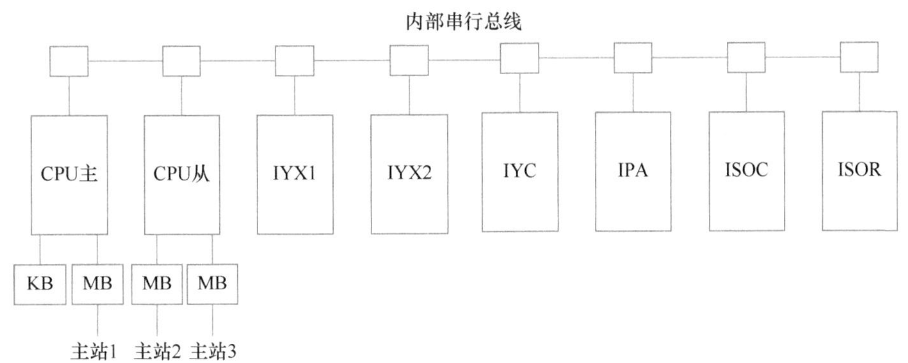

图 4.2　分布式 RTU 微机远动装置

IYX 表示智能遥信模块；IYC 表示智能遥测模块；IPA 表示智能电度模块；ISOC 表示智能遥控模块；ISOR 表示智能遥调模块；KB 表示千字节；MB 表示兆字节

随着智能电子设备(intelligent electronic device，IED)的不断完善，智能电表广泛应用于配电网变电站中。智能电表作为一种简化结构的 RTU，不仅可以对各种电能进行实时信息采集，还可以通过 RS-485 接口与 CPU 等其他模块进行信息连接与传递，其具体结构如图 4.3 所示。

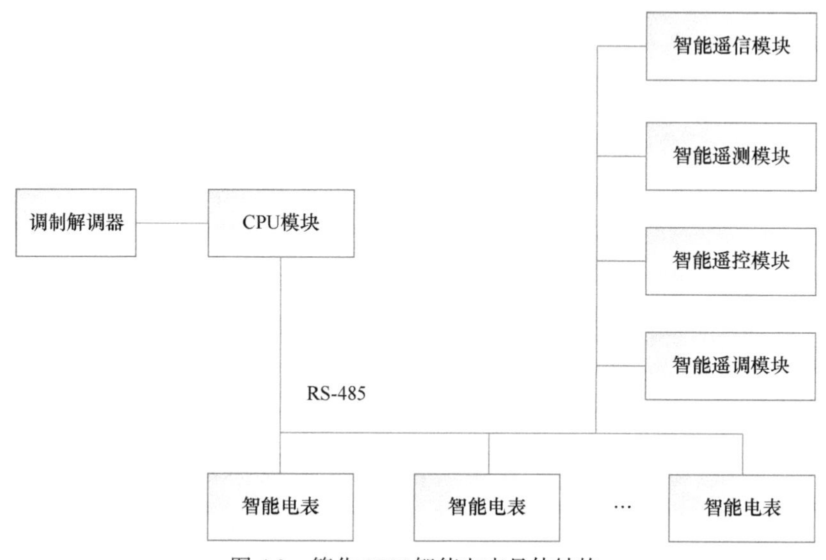

图 4.3　简化 RTU 智能电表具体结构

6. 自恢复和自检测功能

RTU 的工作环境中存在较强的电磁干扰，在正常工作中可能会受此影响导致程序运行出现故障、通信发生异常等，甚至会发生电源掉电的现象。因此，要求 RTU 具有自恢复和自检测功能，使其在遇到异常情况时具备自动恢复、重新进行程序计算的能力，从而防止出现 RTU 死机等严重后果。

4.1.2　馈线远方终端

馈线远方终端用于采集馈线开关动作信息，具有检测故障电流的功能，从而实现对架空线路的运行监测、故障诊断、故障恢复以及故障隔离。馈线终端单元(FTU)负责一次设备与远程自动化装置之间的信息传递，起沟通桥梁的作用[1]。

1. 供电方式的选择

为了实现配电网自动化系统的安全性与可靠性，必须保证馈线终端设备的供电可靠性。但由于其主要分布在较为偏远的户外，无法由市电电源供电。因此，馈线终端设备的供电方式成为各馈线自动化改造中必须研究和解决的重要问题。在国内已投运的馈线中，馈线终端设备的供电电源大多为馈线上安装的供电电压互感器(potential transformer，PT)。采用独立的供电 PT 不仅会提高线路的成本，还易发生谐振，从而引发线路 PT 发生爆炸，对供电可靠性造成很大的负面影响，甚至危害线路上的其他设备和负载。有些馈线终端设备采用安装在开关上的三相电流互感器(current transformer，CT)供电，可以从根本上消除只采用供电 PT 所带来的安全方面的负面影响，但当线路中的负荷很小时，输出电压很难满足控制器的需求[2]。

2. 控制器的设计

在控制器的设计过程中，通常需要使操作系统的硬件设计满足很多原则，其中最常见的原则是：应多使用集成度较高的通用元件；使用低功耗的器材，在设计上采用模块设计来实现对故障的检测。按照该原则设计馈线终端控制器，FTU 硬件整体框图如图 4.4 所示。该馈线终端系统以 TMS320LF2407A 芯片为核心，时钟芯片向系统提供当前时间，保证系统在大电压、大电流环境下的安全运行。

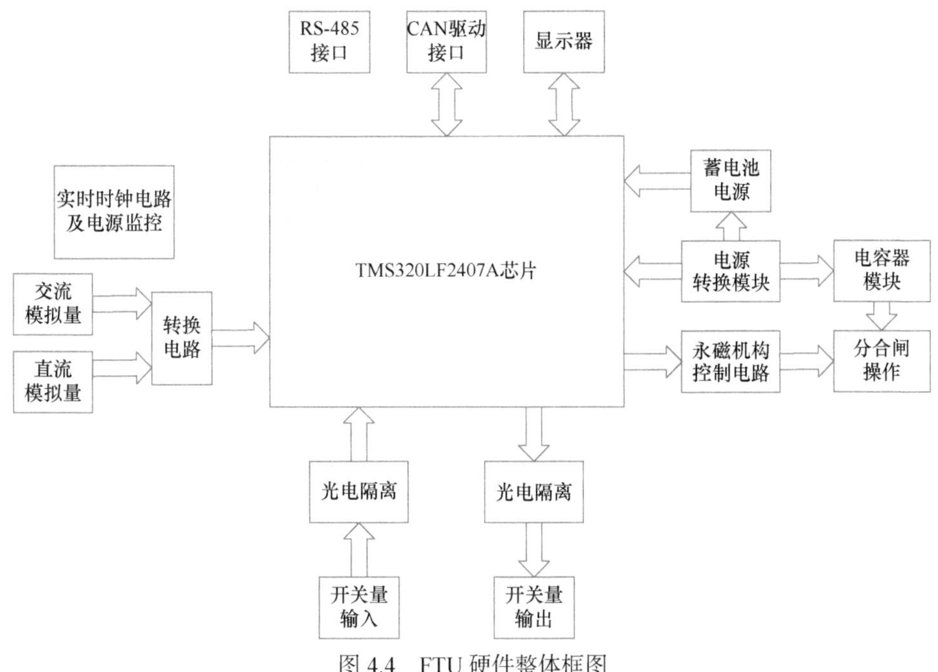

图 4.4　FTU 硬件整体框图

CAN 代表控制器域网

由图 4.4 可以看出，整个硬件部分可分为如下功能模块：

(1) 以 TMS320LF2407A 芯片为核心的处理系统，包括共享随机存取存储器；

(2) 模拟信号的输入和转换电路，有七路电流交流模拟信号(含保护三路)和五路电压交流模拟信号；

(3) 开关量输入和输出电路，用于分合闸信号、分合闸位置信号、蓄电池及电容故障信号等；

(4) 真空断路器永磁机构的驱动控制电路，主要分为单稳态和双稳态两种；

(5) 通信模块，采用 RS-485 通信接口及 CAN 总线接口，电压等级分别为±24V、±12V 和±5V。

3. 远方集中控制方案

远方集中控制方案和电力系统数据采集与监控系统需要形成良好的联络，从而进行信息传递。在此基础上，需要开发高效、精准的软件系统，以建立高效、可靠的馈线自动化系统，从而实现对馈线运行状态的监测、实时检测故障、故障分析定位、故障处理、调度操作以及供电可靠性分析与统计等功能。

4. 运行方式及故障处理

在正常工作时，FTU 记录当前工作状态下的电气量和开关位置信息，并将其传输给计算机。计算机读取 FTU 所提供的信息后，向远方控制系统传送信号，配电网远方控制系统对信号发出命令并传送给 FTU。FTU 接收到命令后，按照指示进行远方倒闸操作与合闸操作，从而保证系统的可靠运行，实现配电网的优化运行。

在发生故障时，FTU 采集故障信息，将该信息传输至控制系统，配电系统对上述故障信息进行读取，分析故障区间并确定最优处理方案，以实现供电恢复[3]。求解 FTU 优化布置模型的过程如图 4.5 所示。

5. 运行维护闭环管理法

针对用配电网自动化系统运行来制约 FTU 运行与维护所存在的一系列问题，通过对配电网自动化系统日常 FTU 的维护工作内容进行梳理、总结、归类和分析，结合日常生产的具体情况，提出了配电网 FTU 运行维护闭环管理法，从而形成了从发现问题、分析问题、现场解决问题到最后的汇总归档这一套完整的配电网 FTU 运行维护的管理流程。其主要包括数据巡查统计、问题分析诊断、模组化处理和反馈跟踪校验四个重要环节[4]。

1) 数据巡查统计

配电网 FTU 运行问题主要以配电主站实时采集信息为核心，充分发挥配电主站的核心作用。在配电系统的日常应用中，维护人员主要依据以下几点及时发现 FTU 的运行问题：

(1) 对系统 FTU 实时采集数据信息等进行周期巡检；

(2) 查看调度员界面反映出的 FTU 设备的报警数据信息；

(3) 查看调度员日常实时应用中发现的相关配电网 FTU 的运行问题；

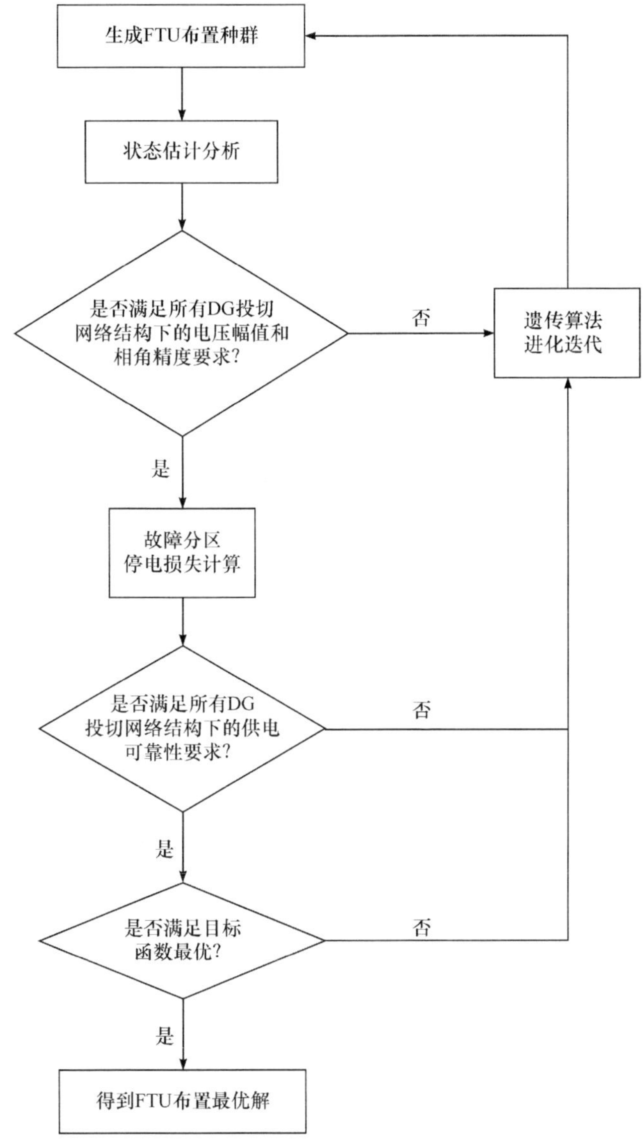

图 4.5　求解 FTU 优化布置模型的过程

(4) 分析配电系统实时采集的数据信息。

2) 问题分析诊断

在配电系统中，需要维护人员根据配电系统所反映出的终端问题进行分析诊断，从而为配电终端的维护提供快速准确的现场维护导向。通过对各类相关系统进行信息诊断和问题分析，可以制定出准确的问题诊断措施。通常把配电终端故障类型分为通信故障、遥测或遥信数据信息错误以及操作执行拒动三类。配电终端维护人员需要根据不同的故障类型，制定不同的现场处理方案，即指导性处理方案。

3) 模组化处理

模组化处理是指将现场处理工作拆分为不同维护模组，制定各个维护模组的操作流程，规范现场维护工作程序，提升处理效率。此外，还需要把维护工作、资料收集和数据巡查积累作为现场工作的模组，将多项工作整合完成，从而有效提升现场的工作效率。维护工作的流程可以拆分为工作前勘查、工作中指导、完工后检验以及资料收集整理四个重要环节。

(1) 工作前勘查：开展正式登杆作业前，应先核对工作地点是否和工作任务一致、工作现场环境有无危害因素、线路运行方式以及开关刀闸的位置状态是否正确。具体包括核对开关位置与工作票上工作任务是否一致，确认操作的安全距离；检查工作环境是否存在危害因素；核对线路运行状态及开关刀闸的位置信息，在核对无误后方可进行登杆作业。

(2) 工作中指导：与现场及配电主站维护人员密切沟通，针对现场故障现象提供指导性处置方案。

(3) 完工后检验：在现场工作人员处理完毕后，认真核对设备运行状况，同时配电主站也应密切监控 FTU 参数及运行状态。

(4) 资料收集整理：督促现场人员认真填写配电终端维护记录，包括现场环境、设备类型和投产时间、故障情况以及处理方式等，为今后类似工作的开展提供必要的数据支持。

4) 反馈跟踪校验

对维护完成的工作进行配电主站实时跟踪校验，核对现场维护记录填写情况，及时收集整理相关资料。通过资料的收集整理，积累宝贵的维护工作经验，进一步提高日常维护工作方案的针对性和准确性，为现场维护人员提供有效的故障处理方案，提高现场工作效率，降低工作强度。

通过上面四个环节的高效运行，从配电终端故障的发现、分析处理到归纳总结经验，不断提高维护工作质量，形成一个完整的闭环管理。

4.1.3 配电变压器远方终端

配电变压器远方终端主要是指在变压器等设备中应用，从而实现远程控制的设备。从目前配电网实际情况来看，为了适应变压器终端单元(TTU)面对多个用户的情形，需要在操作时加入谐波检测过程来提高设备的可靠性[5]。TTU 的典型系统框图如图 4.6 所示。

配电自动化系统结构框图如图 4.7 所示，TTU 属于现场设备，位于系统结构中的第一层，在电力配电系统中主要用于对配电变压器进行信息采集，并将该信息传输给其他智能设备或配电主站。在应用中，TTU 需要时刻保证配电子站与配电主站之间的信息传递，因此对 TTU 的通信能力要求较高，其原理结构如图 4.8 所示。

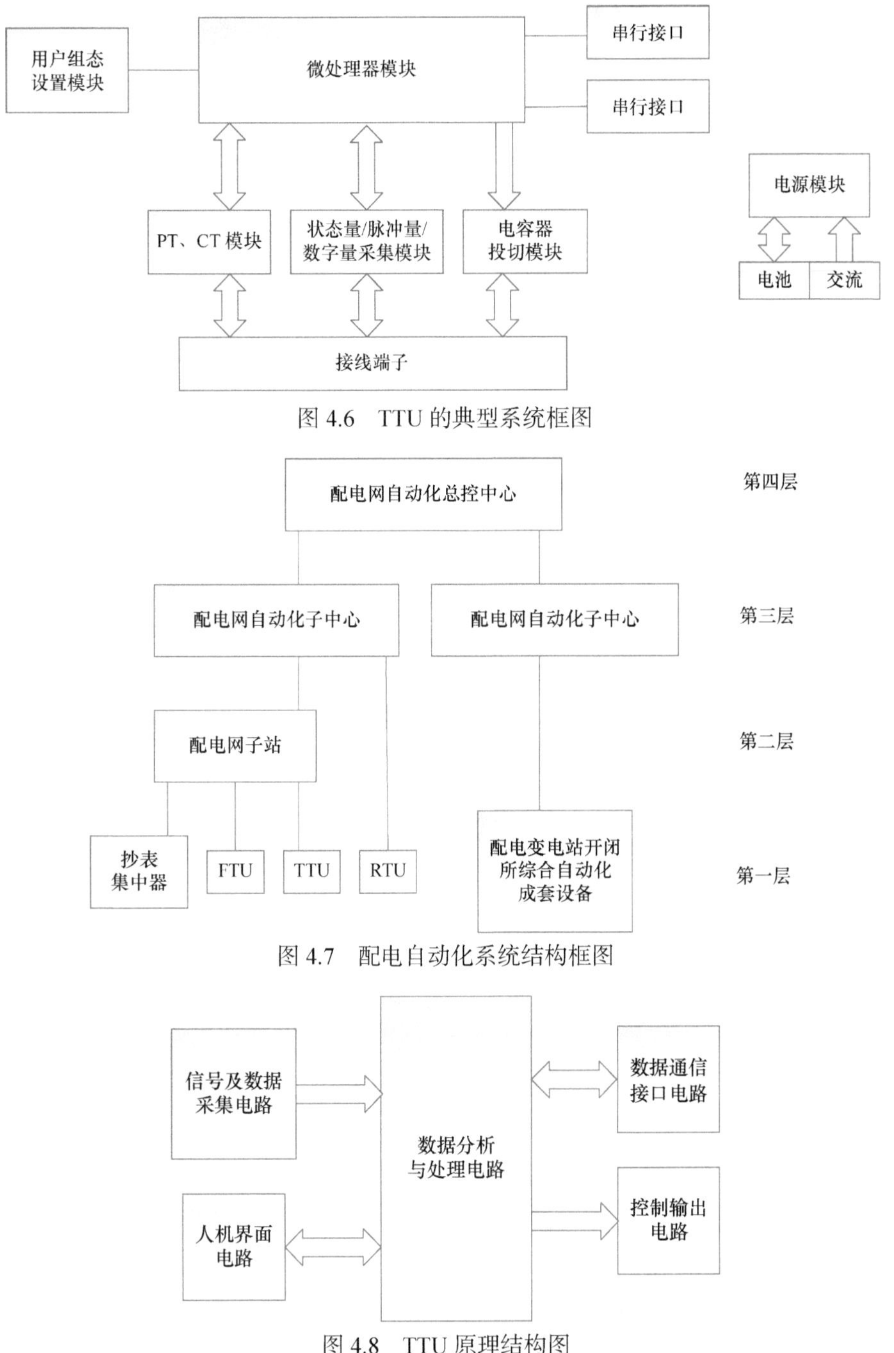

图 4.6　TTU 的典型系统框图

图 4.7　配电自动化系统结构框图

图 4.8　TTU 原理结构图

人机界面电路是工作人员与计算机控制之间沟通的重要桥梁，体现了智能化电路的重要性，其作用是对配电终端的参数进行定义与设置、数据分析以及修改与显示等。数据通信接口电路为配电终端与配电子站提供了良好的数据传输空间。控制输出电路主要负责系统接收数据、分析与处理电路的信号、执行相应的无功投切任务以及紧急状况下的开关动作任务[6]。TTU 的硬件设计总体框图如图 4.9 所示。

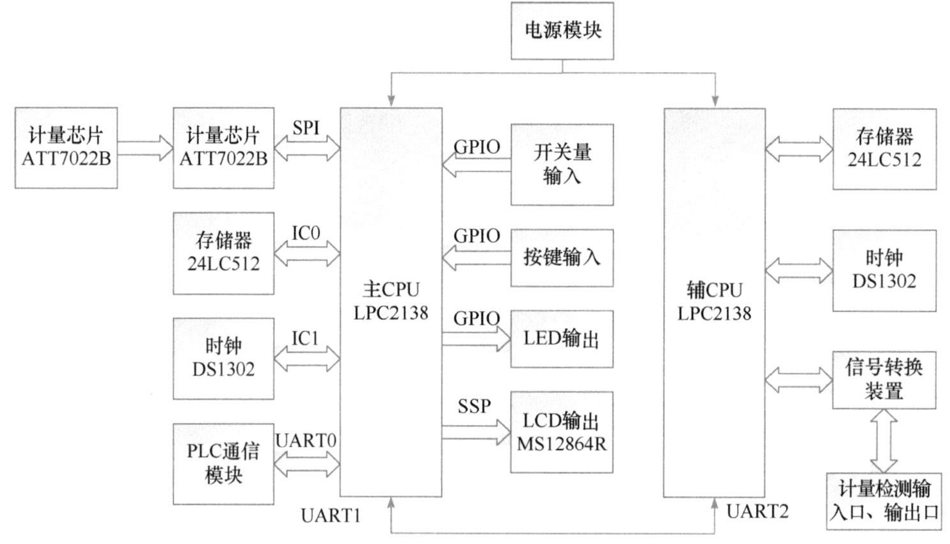

图 4.9　TTU 的硬件设计总体框图

LED 表示发光二极管；LCD 表示液晶显示器；SPI 表示串行外设接口；GPIO 表示通用输入输出端口；SSP 表示信令交换点

上述模型的电源模块采用交直流两部分电源组合而成，可以保证配电终端芯片的电压供给。通信模块的作用是与配电主站保持密切联系、远程控制，主要采用的是电力线通信技术[7]。

4.2　馈线自动化开关器件

近年来，随着技术水平的快速提高和配电网自动化应用的不断增多，为保证在馈线发生故障时能够快速、准确地找到故障所在，馈线自动化开关器件是必不可少的部件之一。目前，馈线自动化开关器件主要分为断路器、重合器和分段器几种类型[8]。

4.2.1　断路器

1. 定义及工作原理

断路器也称为熔断器，当所处电路发生短路或过载时，断路器将自动断开电路，常与被保护电路串联。

2. 断路器配置的基本原则

变电站内对断路器保护的电器和回路有一定要求，选择与其相匹配的断路器时，须遵守以下原则：

(1) 断路器的工作电压应比其回路电压大；

(2) 根据回路中有可能出现的最大短路电流来判断其断路能力；

(3) 按照断路器的特点与性能来选择熔体的额定电流及断路器的脱扣电流。

4.2.2　重合器

1. 定义及工作原理

重合器可以实现多次的重合闸操作，因此能够有效排除瞬时故障，从而提升配电网供电可靠性。

重合器广泛应用于电力系统，具有提高供电可靠性、系统并列运行可靠性等作用，可在一套装置中实现变电站多个间隔的自动重合闸功能，具有简化现场接线、易于实现多个间隔重合器相互配合等优点。

2. 集中式重合器

现有的重合器大多与断路器、保护装置设置在一起，传统重合器配置示意图如图 4.10 所示。以一个间隔为例，双重集中式重合器示意图如图 4.11 所示。

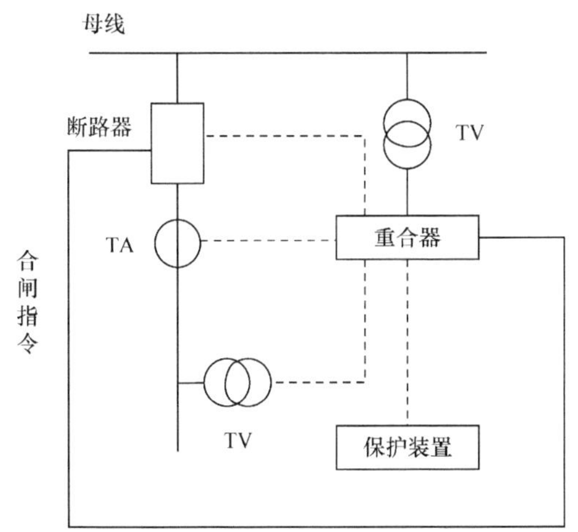

图 4.10　传统重合器配置示意图

—◎—为变压器，用 TV 表示；⊖为电流互感器，用 TA 表示

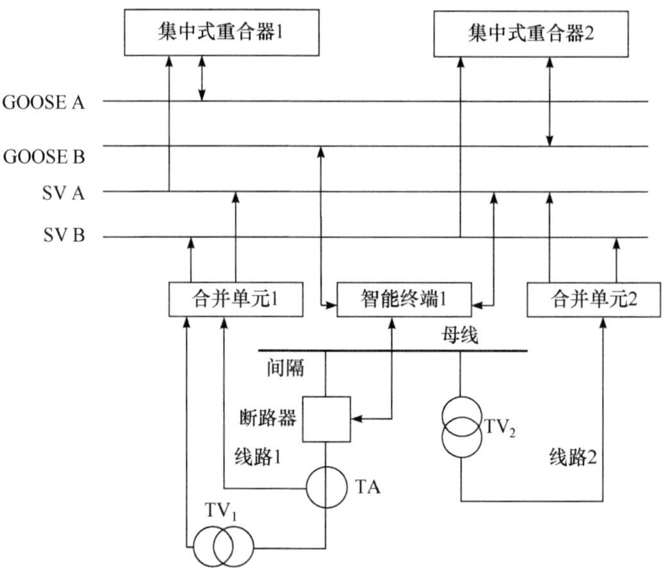

图 4.11　双重集中式重合器示意图

GOOSE 表示一种面向通用对象的变电站事件；SV 表示采样值

集中式重合闸的整体可靠性模型(图 4.12)分为三种，具体如图 4.13～图 4.15 所示。

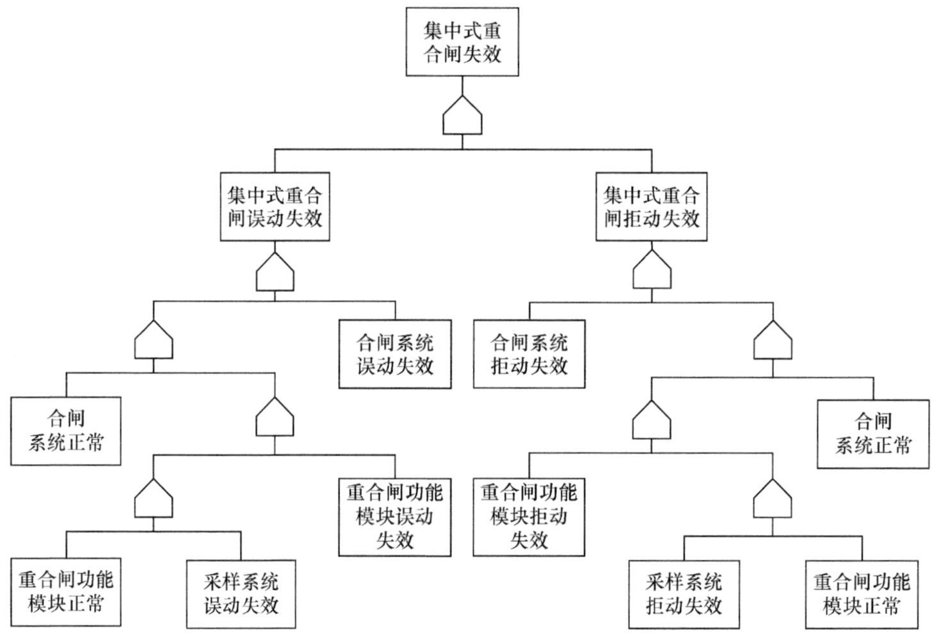

图 4.12　集中式重合闸的整体可靠性模型

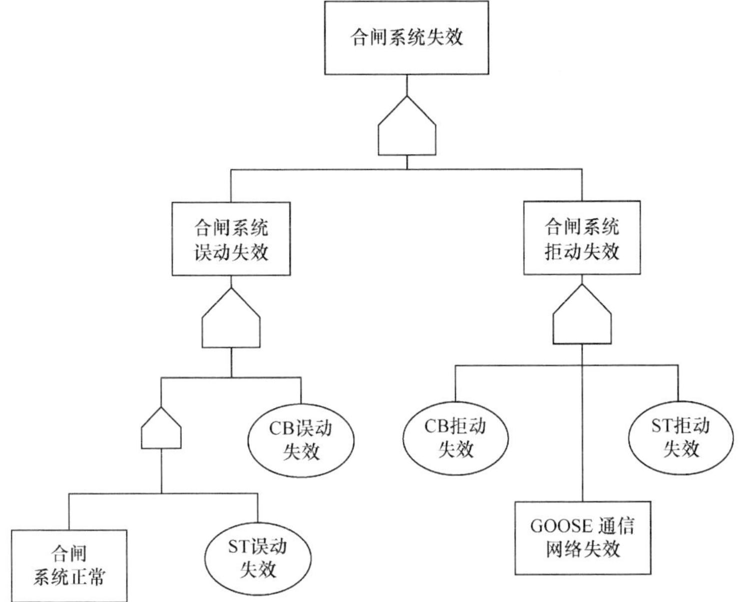

图 4.13　合闸系统的可靠性模型

CB 表示断路器；ST 表示按钮

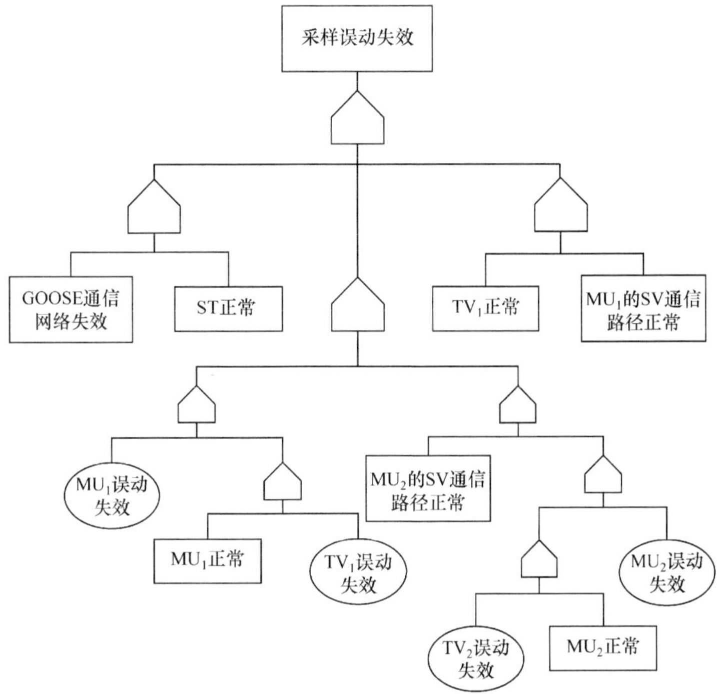

图 4.14　采样系统的可靠性模型 I (误动失效)

MU 表示合并单元

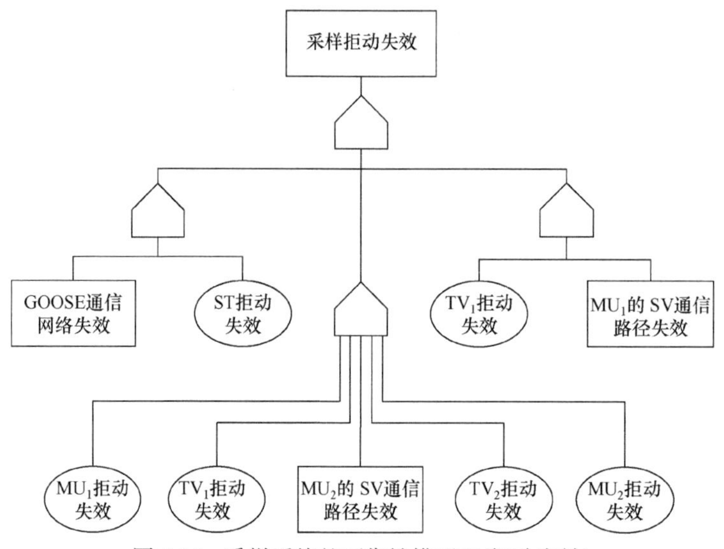

图 4.15　采样系统的可靠性模型Ⅱ(拒动失效)

4.2.3　分段器

1. 定义及工作原理

分段器是一种与电源侧前级开关配合，在失压或无电流的情况下自动分闸的开关设备。当发生永久性故障时，分段器在预定次数的分合操作后闭锁于分闸状态，从而达到隔离故障线路区段的目的。若分段器未完成预定次数的分合操作，故障被其他设备切除，则其会保持合闸状态，并经一段延时后恢复到预先的整定状态，为下一次故障做好准备。分段器一般不能断开短路故障电流。

分段器工作原理框图如图 4.16 所示。

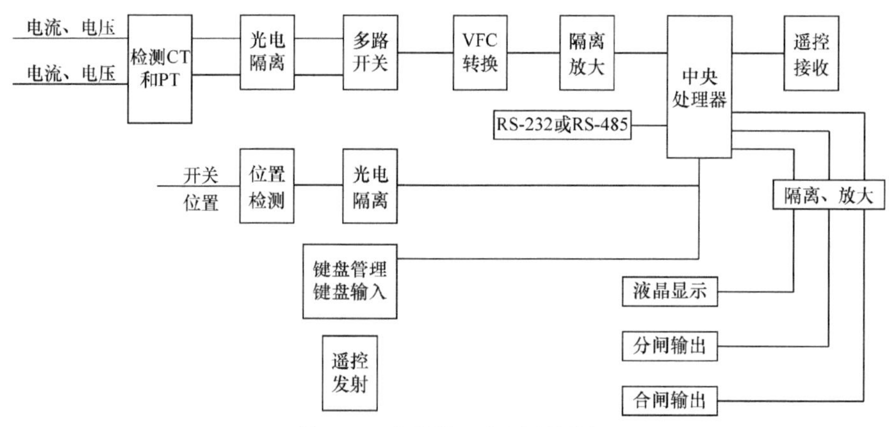

图 4.16　分段器工作原理框图

VFC 表示电压频率转换器

2. 电流计数型分段器成套装置的构成及工作原理

电流计数型分段器成套装置，即分段器，由负荷开关、智能分段控制器两部分组成。

电流计数型分段器的工作原理：重合器切断故障电流，分段器记录重合器分合的次数。

4.2.4　重合器与分段器配合

1. 重合器和分段器在辐射式配电网中的应用

辐射式配电网是最为典型的网络结构形式之一，重合器和分段器在某辐射式配电网中的应用如图 4.17 所示。

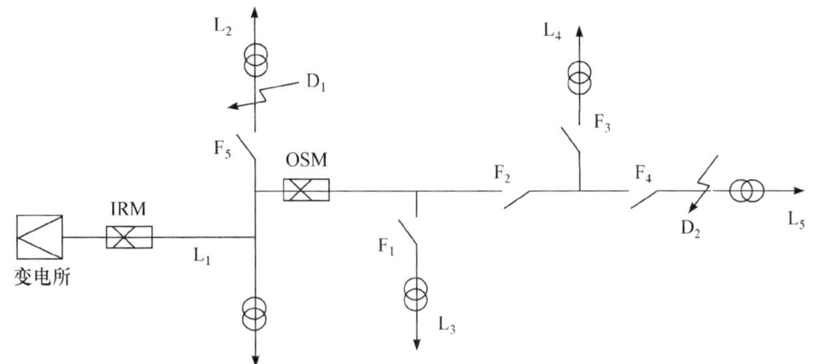

图 4.17　重合器和分段器在某辐射式配电网中的应用

IRM 表示户内重合器；OSM 表示户外重合器；D 表示短路点；F 表示开关(分段器)；L 表示线路

2. 重合器和分段器在环式配电网中的应用

随着技术水平的快速提升，配电网自动化得到了更为广泛的应用，电网的结构也发生了较大改变，环式配电网结构成为现阶段发展的主流。图 4.18 为重合器和分段器在某环式配电网中的应用。

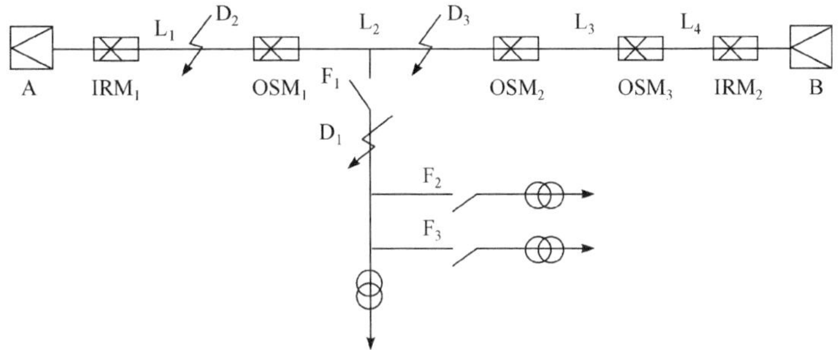

图 4.18　重合器和分段器在某环式配电网中的应用

A、B 表示变电所

图 4.19 为 10kV 架空线路中的智能快速型馈线自动方案配置。

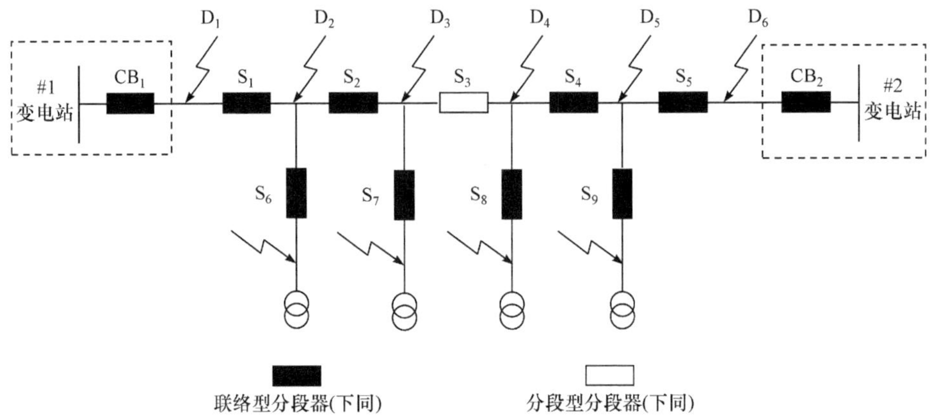

图 4.19　10kV 架空线路中的智能快速型馈线自动方案配置

CB 表示断路器；S 表示分段器

图 4.20 为在辐射式树状配电网下，按照其特有的结构，分段器配合重合器工作的模型图。

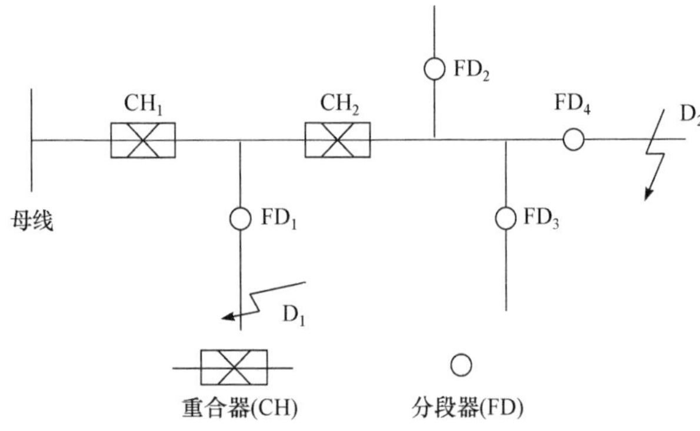

图 4.20　分段器配合重合器工作的模型图

3. 重合器和电压-时间型分段器配合

故障处理方式以典型应用为例，线路故障示意图如图 4.21 所示。

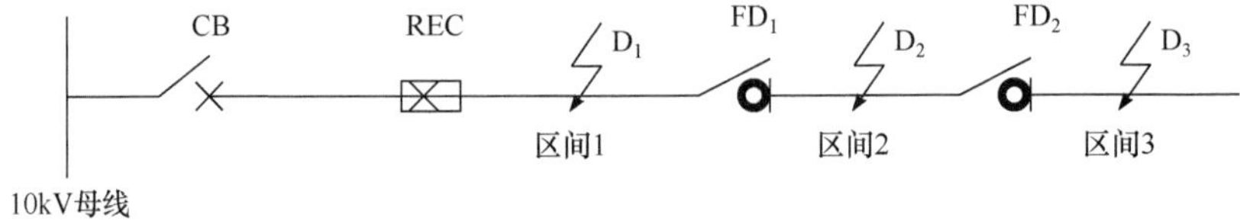

图 4.21　线路故障示意图

图 4.21 中，CB 为变电站出线断路器；REC 为分段重合器成套设备，重合次

数整定为 3 次；D_1、D_2、D_3 为各区间的短路点；FD_1、FD_2 为分段器成套设备。

图 4.22 为配电网手拉手环状结构图。

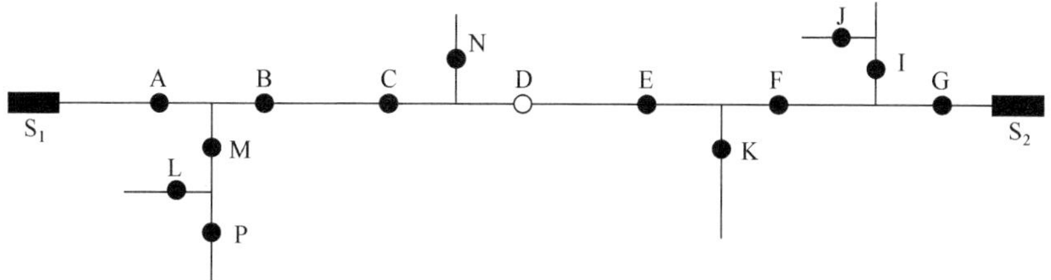

图 4.22　配电网手拉手环状结构图

空心圆表示分段开关；实心圆表示联络开关

图 4.23 和图 4.24 分别为基本的 3 分段 4 联络配电网和扩展的 3 分段 4 联络配电网。

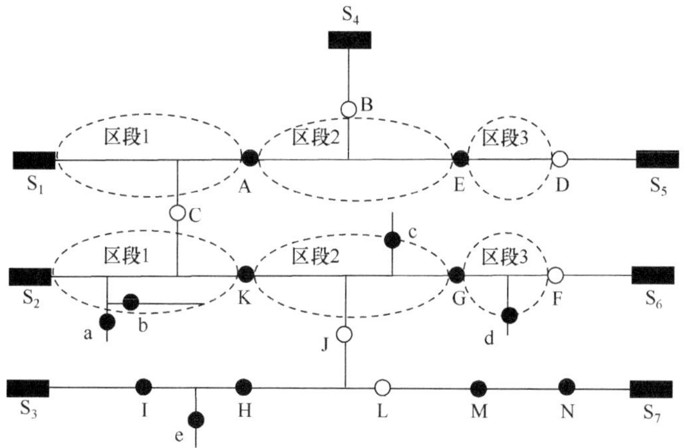

图 4.23　基本的 3 分段 4 联络配电网

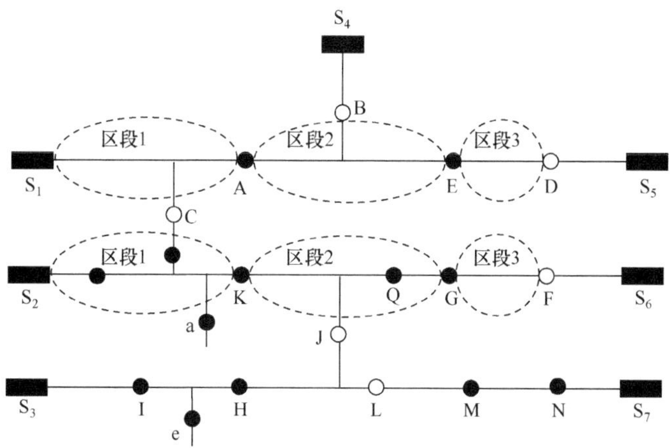

图 4.24　扩展的 3 分段 4 联络配电网

4.3　馈线自动化的控制系统

根据我国馈线的实际情况和自动化需求，将馈线自动化设计成分层式、分级式以及分布式的系统，整个系统分为三个层次，如图 4.25 所示。

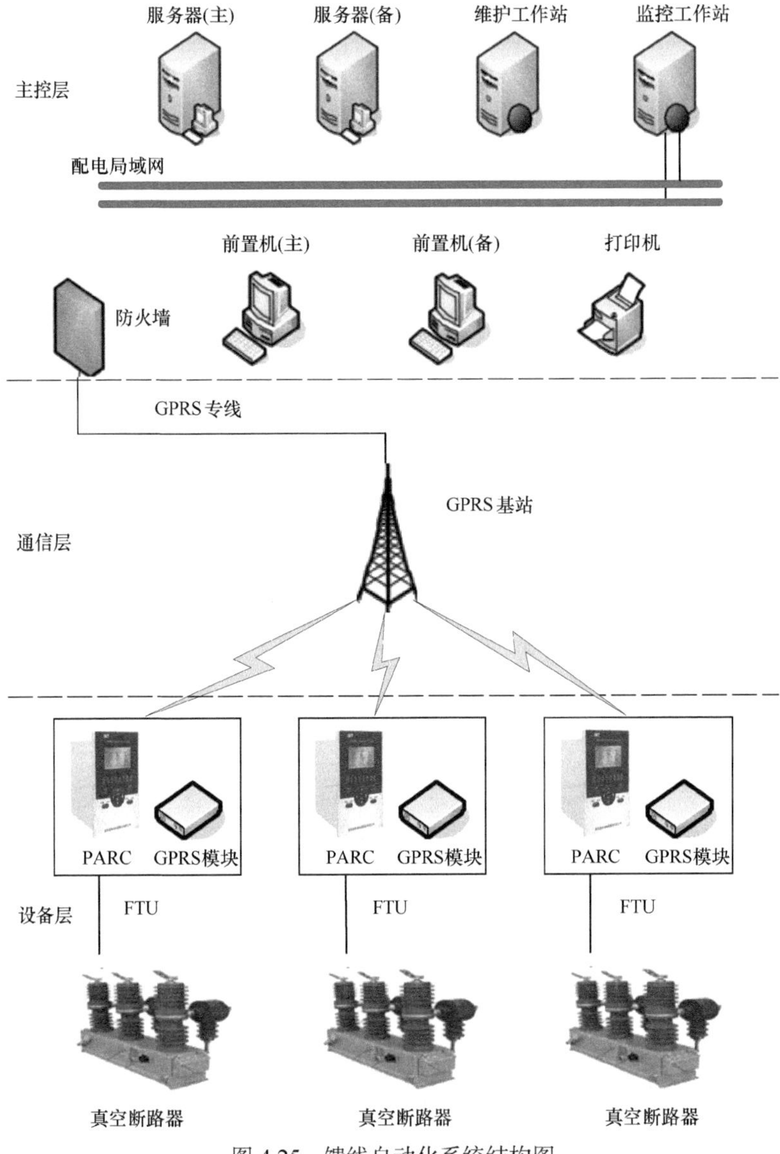

图 4.25　馈线自动化系统结构图

PARC 表示综合保护控制单元

4.3.1　电力负荷控制系统

电力负荷控制系统以无线电传输为主要通道，广泛应用于对电力用户的用电管理。早期主要用于执行电力紧张时的“限电不拉路”。

1. 电力负荷控制系统的定义

电力负荷控制系统承担着电能信息实时采集与监控任务，具有远方控制功能。电力负荷控制系统使用 220MHz 无线电，有效传输距离为 40km，而众多大用户和厂站已经超出了电力负荷控制系统主站的有效召测范围，因此需要架设中继站使电力负荷控制系统无线电信号覆盖整个地区[9]。

2. 电力负荷控制系统的发展及变化

我国电力负荷控制系统的研究和应用可分为三个阶段：第一阶段为 20 世纪 80 年代的探索阶段，我国通过研究和参考各种国外技术，自主开发了音频、电力线载波和无线电控制等多种装置；第二阶段为有组织的试点阶段，分别在一些一线城市安装使用由我国自主开发的音频和无线电负荷控制系统；第三阶段为 20 世纪 90 年代后期，负荷控制技术在我国得到了全面推广，200 多个地级市的供电系统安装了负荷控制系统。

随着技术的不断进步，电力负荷控制系统的组网方式也发生了变化，主要体现为通信方式和联网方式的改变[10]。

3. 电力负荷控制系统的应用

电力负荷控制系统主要应用于计量监测和防窃电，其中无线电力负荷管理系统的主要作用为及时发现窃电户，并找到其窃电的直接证据[11]。

4.3.2　电压控制系统

1. 电压控制原理

由于无功控制调节电压，电压控制的本质为无功控制。无功电压自动控制系统从主网调度自动化系统中获取电网模型，同时通过主网调度自动化系统转发遥控命令，无功电压自动控制系统与主网调度自动化系统之间通过点对点方式进行数据交互。主网调度自动化平台提供电网模型导出，并将电网实时数据发送给无功电压自动控制系统，无功电压自动控制系统利用电网实时数据及电网模型进行无功优化计算，并把优化方案提供给主网调度自动化系统，用来指导主网调度自动化系统对电网无功补偿设备及主变进行调控[12]。

2. 电压控制目标

电压控制的目标为：在保证电力系统安全稳定运行的前提下，采用综合优化判断方式，以满足电网网损最小、电压质量最高、主变调档次数最少以及变电站所有容抗器投退最合理。

参 考 文 献

[1] 汪治国. 配电网馈线自动化装置的研究[D]. 长沙: 中南大学, 2005.
[2] 杜仁伟. 基于断路器和 FTU 的馈线自动化系统优化设计与研究[D]. 沈阳: 沈阳工业大学, 2013.
[3] 李于达, 王海燕, 刘刚, 等. 配电网中的馈电自动化技术发展综述[J]. 电网技术, 2006, (S1): 242-245.
[4] 李东波, 王妮, 巩建卫. 配电网馈线终端 FTU 运行维护闭环管理法[J]. 科技风, 2020, (19): 88-89.
[5] 雒永锋. 电力配网自动化中配电自动化终端设备的应用分析[J]. 装备维修技术, 2019, (4): 147, 149-150.
[6] 马明. 基于 ARM 的配电变压器监测终端(TTU)的设计[D]. 北京: 华北电力大学, 2011.
[7] Farzan K T, Seyed M M H, Hossein S. A probabilistic electric power distribution automation operational planning approach considering energy storage incorporation in service restoration[J]. International Transactions on Electrical Energy Systems, 2020, 30(5): 1-13.
[8] 陈锐. 论智能配电网自动化开关在配网调度的应用[J]. 电子测试, 2020, (3): 90-92.
[9] 李力. 230M 无线电力负荷管理系统通信安全性研究[J]. 中国高新技术企业, 2008, (10): 116-117.
[10] 赵同生, 曹冰, 曹东. 电力负荷管理系统发展方向的探讨[J]. 电力需求侧管理, 2003, (2): 47-48.
[11] 周惠民, 杨彩阁, 付红梅. 负荷管理系统在电力营销反窃电工作中的应用[J]. 河南城建学院学报, 2012, 21(1): 61-63.
[12] 孙宏斌, 郭庆来, 张伯明. 大电网自动电压控制技术的研究与发展[J]. 电力科学与技术学报, 2007, (1): 7-12.

第 5 章 配电管理系统

5.1 配电网自动化系统应用软件

5.1.1 配电网自动化系统的基本概述

配电网自动化是指在电力系统中应用计算机技术和通信技术对配电网中的各项系统参数、信息进行集成与分析，同时实时监测与保护电力系统的正常运行[1]。配电网自动化系统对配电网中各项数据与参数进行有效处理，并将其与配电网网络结构、配电网地理位置等信息进行整合，实现配电网的正常工作，同时可以有效进行故障监测、切除、控制与自愈，还可以对配电网的负荷、电压、电流等信息进行实时监控，从而提高电能输送质量、提高供电可靠性。配电网自动化系统中，配电主站可以发出各种指令并传输到其他系统与配电终端系统中，同时还可以对线路中的过程单元所采集的信息进行传输，因此在配电网自动化系统中配电主站承担着尤为重要的角色。

据不完全统计，80%以上的用户停电是由电力企业配电网故障造成的，因此迫切需要采取有效措施提高配电网可靠性、减少电能损耗、提高电网服务质量和用户满意度。

因此，建设配电网自动化系统的优点如下：

(1) 配电网自动化系统可以有效减少由配电网故障造成的停电时间，提高故障维修速度和维修水平，进而满足供电可靠性。

(2) 配电网运行工作人员可以通过配电网自动化系统了解配电网的实时运行情况，及时发现系统故障，有效减少故障或停电的次数和时间。

(3) 配电网自动化系统不仅可以提高配电网管理水平和用户服务水平，还可以有效解决用户服务中的问题，加速配电网自动化系统的再建设。

5.1.2 配电网自动化系统的基本结构与功能

配电网自动化系统主要包括配电主站、配电子站、配电网自动化通信系统以及配电终端四部分，其中配电主站与配电终端是核心系统[2]。

1. 配电主站

配电主站的重点管理对象是馈线、设备和用户。其主要由电网数据采集与监控系统、配电网应用软件、各子配电网自动化系统以及配电网故障诊断与自动恢复系统组成。

2. 配电子站

配电子站又称为中间层系统，它的主要功能为在其上层的配电主站与下层的配电终端之间实现数据传输与实时通信，保证数据信息在系统中传输顺畅[3]。

3. 配电网自动化通信系统

配电网自动化通信系统具有将信息实时传入配电主站、发现故障和发送报警等功能，其通信技术可分为无线通信技术和有线通信技术两大类。

4. 配电终端

配电终端是安装在实际配电网上的各类监测单元与控制单元。其主要功能是对配电网的开关进行遥控，同时对故障进行自动识别和监测。具体而言，配电终端主要有数据的采集与处理、控制、故障识别和信息传递等功能。

总体来说，配电网自动化系统是一个庞大且复杂的工程，其包括了配电系统相关的各类功能与数据控制，通过各层次系统的通顺配合，形成了一个兼备数据收集与监控、网络构建、电压调控、配电网工作调控以及运行规划等功能的有机整体。

5.1.3 配电网自动化系统的技术支持

配电网自动化系统安全、可靠、高效运行需要各层次通顺配合，各层次所需技术如下。

1. 信息集成技术

信息集成技术系统由配电网地理信息系统、营销管理系统、信息采集及设备管理系统等多个系统集成。

2. 故障定位技术

配电网自动化系统所应用的故障定位技术需要依托故障指示器来运行，通过检测电压和故障分量来判断是否出现故障。当故障指示器检测到线路故障时，会主动上报给配电主站并发出告警信号，运行人员就会通过故障指示器进行具体故障定位。

故障指示器可分为“一遥”故障指示器与“二遥”故障指示器。其中，“一遥”故障指示器是在监测到故障后，立即发出灯光报警等告警信号，同时通过信息通信功能将告警信息传输到配电主站，配电主站将接收到的告警信号进行分析，快速定位出故障发生的位置，在配电网主接线图故障指示器显示相应告警信号，并在告警窗口中显示相应告警信息报文。故障指示器将故障的定位结果通过文字信息通知相应的运维管理人员，实现配电网故障处理的快速响应。“二遥”故障指示器的快速定位系统是在“一遥”故障指示器的快速定位系统方案的基础上，通过增加开关状态远程信号等监测功能实现故障的快速定位，满足配电网负荷运行工况的监测需要。

故障指示器可以安装在馈线上，安装位置分别为：

(1) 主干线分支入口，用来判别故障在线路的哪个分支。

(2) 变电站出口，用来判别故障是在站内还是在站外。

(3) 用户配变高压进线处，用来判别故障是否在用户侧。

(4) 架空线及电缆间的连接点，用来判别故障是在架空线段还是在电缆段。

5.1.4 配电网自动化系统应用软件的功能

1. 数据采集功能

利用配电网自动化系统应用软件对配电网进行管理和控制，能够有效地采集、处理以及与其他系统共享数据信息。

2. 实时监测功能

配电网自动化系统应用软件为配电网的实时监测提供了条件，实现了对配电网中各类设备的全方位实时监测，工作人员也可以及时对故障进行处理。

3. 送电、停电自动化功能

在配电网自动化系统中的送电、停电管理中，应用配电网自动化技术可以根据故障类型及时进行重合闸或检修，从而最大限度地保证配电网的可靠运行。

5.1.5 配电网自动化系统应用软件的技术分析

配电网自动化系统应用软件利用配电网地理信息系统来获取配电网网络拓扑模型，利用配电网的数据采集与监控系统来获取配电网实时数据，根据计量系统的实时信息产生负荷测量数据，通过生产管理、客服系统得到的停电信息及部分开关状态，可以对网络拓扑进行分析，也可以对运行状态进行潮流计算和运行决策分析，主要流程如图 5.1 所示。

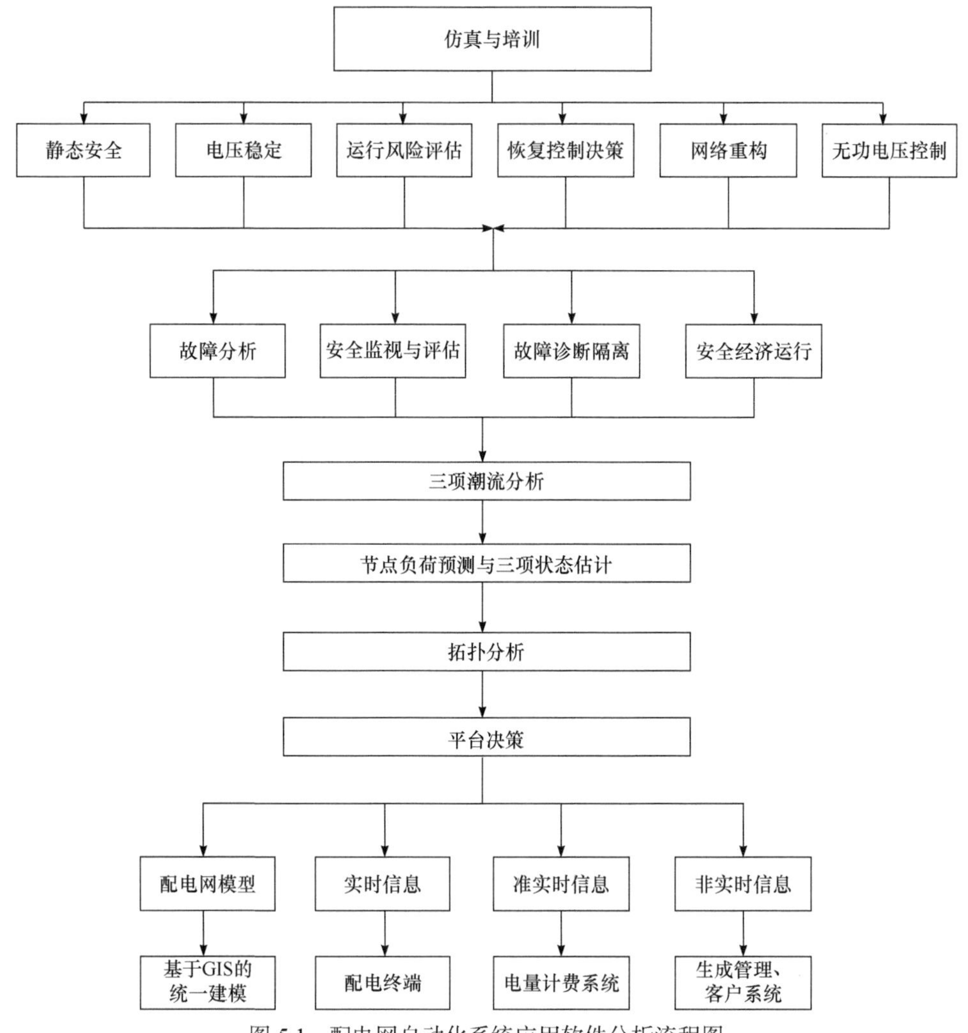

图 5.1 配电网自动化系统应用软件分析流程图

5.2 配电网地理信息系统

5.2.1 配电网地理信息系统的应用与发展趋势

目前，配电网地理信息系统在多个方面得到了具体的应用，其主要应用在 SCADA 系统[4]、变压器负荷管理系统以及配电网综合信息管理系统中。随着配电网地理信息系统和配电网自动化技术的不断发展，配电网地理信息系统的开发与研究主要朝着以下方向发展。

1. 数据共享

利用分布式数据库技术实现数据共享，不仅节省了数据存储资源，降低了网络通信的花费，克服了数据更新的困难，还为配电网网络化、科学化管理提供了数据支持。

2. 管理网络化

随着互联网技术的应用，配电网管理实现了信息的远程采集、监视、控制与管理，配电过程更加便捷、透明。

3. 简易的操作系统

拥有简单直观的功能菜单、按钮和汉字操作提示，操作人员只需要进行简单的培训就能使用该系统处理繁杂的配电网工作。

5.2.2　配电网地理信息系统的需求分析

配电网管理是电力系统中的一个重要环节，但是配电网电力设备分散地分布在一个较大的地理环境内，导致配电网线路较长，且经过山区与农业地区的网络线路更加复杂。随着经济不断发展，配电网的配电压力不断增大，电力系统的资源维护管理任务愈发繁重，要求也不断提高[5]。

配电网地理信息系统能够有效地对空间特征信息进行管理和分析，实现网络空间数据与属性数据的形象、高效且直观的管理。

综上所述，配电网地理信息系统应该满足以下几个方面的需求。

1. 数据应用需求

配电网地理信息系统运行的基础是能够对配电网各类数据正确地描述，这些数据包括对配电网各种设施的现场测量数据、调查数据以及可靠的历史数据。一般情况下，测量人员需要按照精度要求采用特定精度的全球定位系统设备进行现场定位，同时记录下与配电设备相关的属性数据。这些测量设备一般可以与计算机进行交互通信，将测量得到的数据以文件或者数据库的形式输入计算机中[6]。因此，配电网各类数据应用应该包含数据库的生成、数据库结构的查询、数据库数据的查询与修改以及标准数据库接口的提供等功能，从而保证数据的统一存储及简便的查询操作。同时，配电网地理信息系统具有对数据的预处理功能，能够自动维护相关空间数据与设备属性数据的关系。

2. 配电网网络拓扑编辑需求

配电网地理信息系统中，各数据的交互与统计需要依赖配电设备之间的网络拓扑关系。配电网具有改造频繁的特点[7]，这就要求系统允许用户便捷地对配电设备数据和网络拓扑进行灵活的编辑。例如，当线路测量只考虑工作量而忽略了对直线杆的测量时，网络编辑应该提供模糊插入直线杆的功能；当建立和修改线路时，网络编辑能够自动依据前、后电线杆的坐标来计算距离与转角。

3. 地图管理需求

配电网中的设备分布较广，因此需要利用地图工具对各类地理数据进行完备的存储、检索和统计。配电网地理信息系统除了具有一般地理信息系统的地图操作工具，还具有实现设备属性显示、自由缩放、漫游、显示全图、地图刷新、坐标定位和比例尺设置等基本地图操作功能。此外，该系统还应具有对空间数据按照地物特性进行分层管理的功能。例如，对于架空线路、电缆、电变压器、开断设备及电容器等，配电网数据可以根据管理要求对其设置层数，作为配电设备背景的地形图，系统也会将其划分为行政区域、道路、铁路以及河流等[8]。同时，系统也应该具有对图层的控制功能，从而详细规定每个图层的可显示性、可选择性以及可编辑性。

4. 图形化操作界面需求

为满足不同使用人员的需求，采用图形化操作界面。此界面具备智能操作环境和简便的图形绘制工具，方便配电网各类数据的录入。通常来说，各类图形的制作也应该能够在地理信息系统中实现。例如，根据地理空间数据和配电网设备属性数据，生成线路和变电站的负荷分布图。

5. 系统维护需求

配电网地理信息系统的地理空间数据和配电设备属性数据存储在数据库中。数据库的备份与整理是极为频繁的工作，因此地理信息系统应提供数据库的备份与恢复接口，以方便管理员的使用，当配电网网络拓扑结构发生变化或遭到破坏时，管理员可通过该功能将其恢复到历史状态。

5.2.3 配电网地理信息系统的相关技术

配电网是电力系统和电力设备相互连接的桥梁，其结构复杂、数量巨大且分布广泛。因此，当配电系统的正常运行受到如电力位置或环境等诸多因素的影响时，依靠传统的信息技术并不能完成配电系统的维护与运行。下面针对配电网地理信息系统的相关技术展开介绍。

1. SCADA 系统与配电网地理信息系统的集成应用

SCADA 系统与配电网地理信息系统主要的集成方式有：

(1) 将配电网地理信息系统作为软件平台构造数据管理系统的其他子系统，包括 SCADA 功能。

(2) SCADA 系统和配电网地理信息系统建立各自的应用，并通过配电管理系统(DMS)数据库集成，如图 5.2 所示。

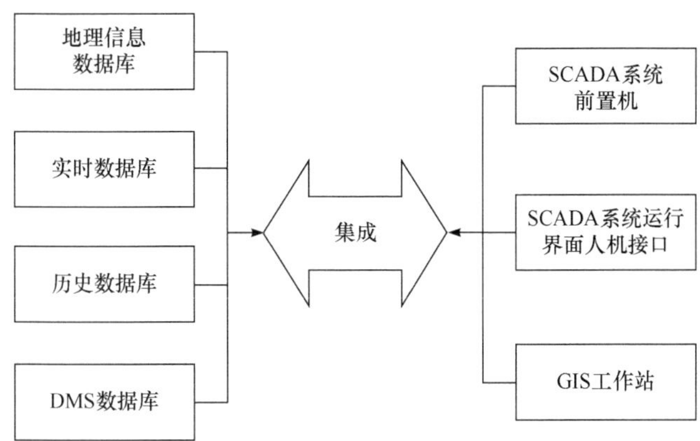

图 5.2　SCADA 系统与配电网地理信息系统的集成模式

(3) 将配电网地理信息系统的功能作为一个 ActiveX[9]控件对象嵌入 SCADA 系统中。

SCADA 系统与配电网地理信息系统集成模式的优点有：

(1) 提供了调度管理人员所需的全面信息，特别是设备的地理位置信息。

(2) 配电网地理信息系统向 SCADA 系统提供了地理环境信息、图形数据和设备的属性数据，SCADA 系统向配电网地理信息系统提供配电设备的运行实时数据、事故数据等信息，二者的有机结合增强了系统对数据的表现能力，提高了操作界面的简便性[10]。

(3) SCADA 系统获取的配电设备运行数据与地理信息数据相结合，为更好地掌握配电网运行情况提供了保障。

2. 遥视系统与配电网地理信息系统的集成应用

遥视系统与配电网地理信息系统的主要集成模式基于 SCADA 系统与配电网地理信息系统的集成模式，并在其上加装了视频数据库服务器，遥视系统与配电网地理信息系统组合的数据库模式如图 5.3 所示。

总之，遥视系统辅助完成配电系统的安全监视功能。本节介绍了 SCADA 系统与配电网地理信息系统的集成方法，所有的系统设备档案和用户档案均可采用数据库软件进行管理。在地图上，用不同的图形代表变电网络的线路和变压器等设备，以及变电站的网络模型，并将这些设备和外部数据库灵活结合。这样不但

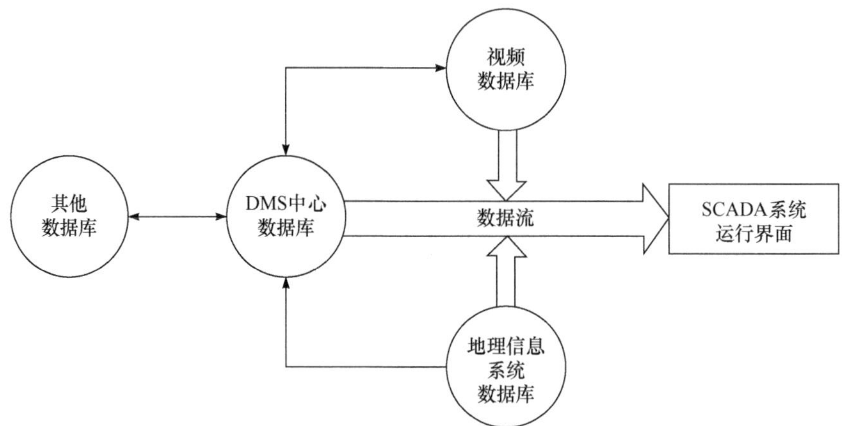

图 5.3　遥视系统与配电网地理信息系统组合的数据库模式

可以利用视频监控系统直接观察关键设备的运行情况或判别设备的告警情况，而且可以通过配电网地理信息系统将设备的属性数据叠加到相应的地理图层数据中，通过地理图片查询其属性数据，正确、全面、及时地获取变电站的各种资源信息并加以提炼分析，从而保证变电站安全、高效地运行。

5.3　配电网规划设计管理系统

5.3.1　交直流混合配电网现状

在可再生能源大规模整合的今天，电网调度面临重大挑战。为容纳更多可再生能源，直流配电网提供了一种可操作的方法。中压直流输电在提高输电能力和分布式发电容量等方面具有广阔的前景，因此越来越受到人们的重视[11]。直流配电网应用于连接分布式电网、电动汽车和储能设备时，其具有更高的供电能力、更低的线路损耗和更好的电能质量，同时还能减少环境污染。

发生配电系统停运的情况下，服务恢复是一个重要的问题，其主要目标是尽量减少负荷削减。交直流混合配电系统中具有不同类型的可控装置和负载，如变换器、断路器、直流和交流负载[12]。如何组合控制不同节点的电压源换流器(voltage source converter，VSC)[13-15]，为故障隔离后的断电区域提供可靠的电源是亟待研究的。交直流混合配电系统的服务恢复是一个包含二元变量和连续变量的混合二元非线性优化问题。

5.3.2　VSC 的控制模型

交直流混合配电网如图 5.4 所示。VSC_1 配置在 10kV 母线站上，该母线站以

控制模式 V_{DC}-Q_{DC}(电压-功率)控制直流线路的电压。VSC_2 连接 10kV 馈线。

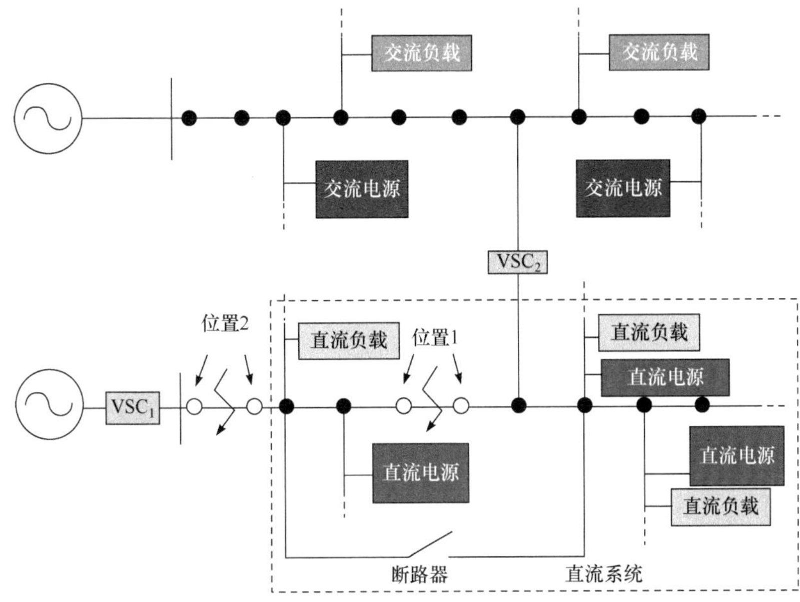

图 5.4 交直流混合配电网

当故障发生在位置 1 时，虚线方框中的断电负载可连接至 VSC_1；当故障发生在位置 2 时，虚线方框中的断电负载不能连接到 VSC_1。

在正常系统中，VSC_2 以控制模式 P-Q(有功功率-无功功率)优化两条线的潮流。在服务恢复的过程中，电力中断区域可通过断路器连接到上级网络(故障类型 1)，若位置 1 发生故障，则断路器可以在故障隔离后将停电区域连接到主系统。关闭和重启过程结束时，VSC_2 在控制模式 P-Q 下运行，电力中断区域无法通过断路器连接到上级网络(故障类型 2)。配电网发生严重故障时，断路器无法重新连接部分停电区域。

本节将电力中断区域称为电力中断子网(图 5.4 中位置 2 对应的电力中断区域)。在控制模型下运行 VSC_2，以控制电力中断子网的电压，服务恢复可以通过 VSC_2、可再生能源发电机(renewable energy generator，REG)和能量存储器(energy storage，ES)实现。

5.3.3 案例结果研究

本节以图 5.5 所示的交直流混合配电网作为测试系统，对所提出的模型进行分析和验证。交直流系统是两个改进的 IEEE 33 节点系统。直流线路由交流线路转换而来，并通过 VSC_1 和 VSC_2 与交流系统重新连接。VSC_1 和 VSC_2 的容量分别为 5000kW 和 1000kW。

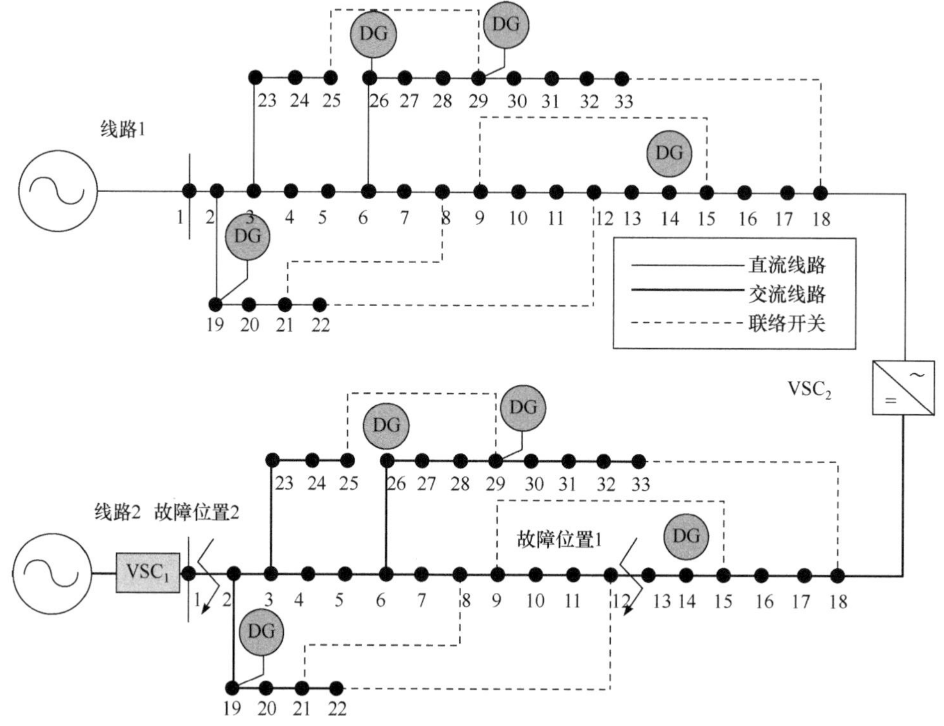

图 5.5　交直流混合配电网测试系统图

DG 的参数如表 5.1 所示。ES 的初始荷电状态为 0.5。负荷的优先级和控制类型如表 5.2 所示。在交流系统中，REG 的功率因数为 0.9，停运时间将延长 4h。表 5.3 为服务恢复期间 REG 的输出和负载。本节提出的优化方法以 MATLAB R2016a 为例，以英特尔 i5-5200 2.2GHz 处理器、8GB 内存为运行环境。

表 5.1　DG 的参数

线路	DG 的类型	位置	容量/kW
1，2	REG	14	600
1，2	REG	19	800
1，2	REG	26	400
1，2	REG	29	400
1，2	ES	14	100
1，2	ES	19	100
1，2	ES	26	100

表 5.2　负荷的优先级和控制类型

线路	一次负荷	二次负荷	三次负荷	可中断负荷
1，2	1，5，8，12，19，22，25，29，32	剩余点	7，23	9，15，16，30

表 5.3　服务恢复期间 REG 的输出和负载

输出和负载	四种情况			
	1	2	3	4
直流线路负载/kW	5572.5	5201	3715	3343.5
交流线路负载/kW	1857.5	2600.5	4829.5	3715
REG 输出/kW	880	1320	4400	3080

本节设计了 3 个案例来验证 ES、VSC_2 和网络重构的协调优化效益。

案例 1：系统通过网络重新配置进行优化，包括 VSC_2 和 ES。

案例 2：系统通过网络重新配置和 VSC_2 进行优化，不需要 ES。

案例 3：系统通过 ES 和 VSC_2 进行优化，无须重新配置网络。

1. 故障类型 1

表 5.4 为故障类型 1 的服务恢复结果。若无应急电源，则案例 2 的总恢复供电率比案例 1 有所下降。在不进行网络重构的情况下，案例 2 的总损耗较案例 1 显著减少。

表 5.4　故障类型 1 的服务恢复结果

案例编号	主系统恢复供电/kW	孤岛恢复供电/kW	总恢复供电率/%	总损耗/kW
案例 1	3338.728	0	89.87	3907.91
案例 2	3065.076	0	82.51	3034.80
案例 3	3331.22	0	89.67	4340.40

图 5.6 为故障类型 1 功率恢复方案示意图。隔离故障后，VSC_1 主要负责支持断电区域的有功功率，并随着负荷的需要而变化，服务恢复期间的最佳 VSC_1 和 VSC_2 输出如图 5.7 所示。此外，VSC_2 主要向交流线路输送无功功率，并将部分有功功率从交流线路转移至直流线路中，以减少损耗。

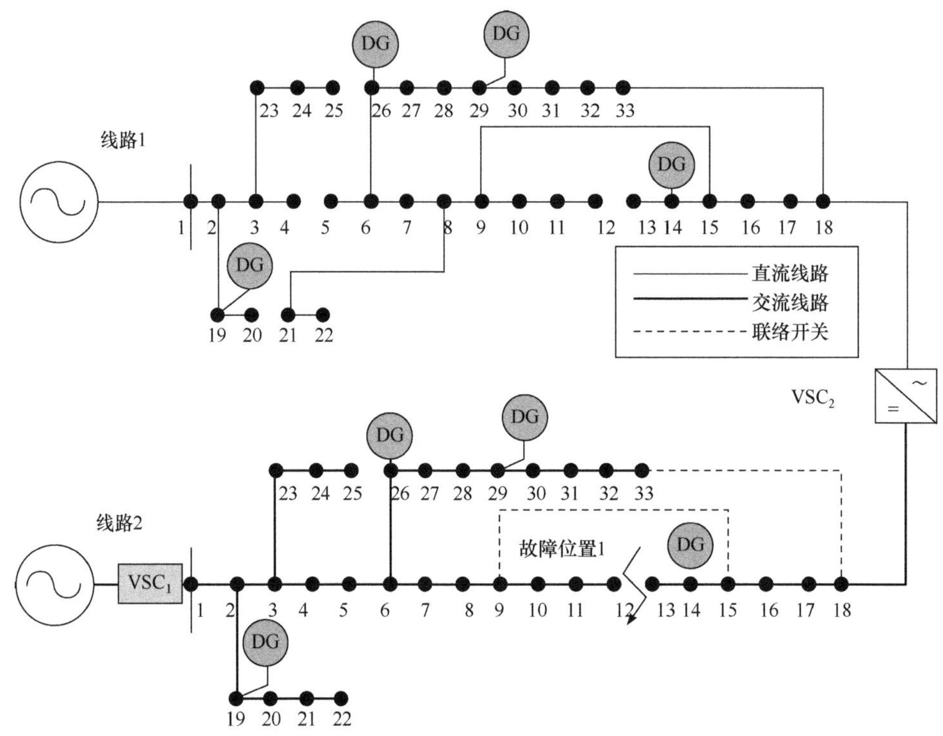

图 5.6　故障类型 1 功率恢复方案示意图

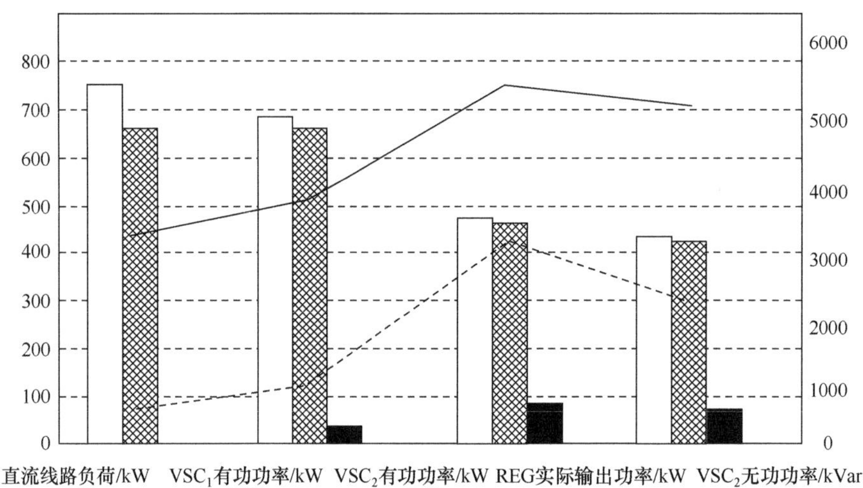

图 5.7　服务恢复期间的最佳 VSC_1 和 VSC_2 输出

柱形图对应坐标左侧刻度，折线图对应坐标右侧刻度，下同

表 5.5 为故障类型 1 情况下服务恢复期间可中断负荷调节系数表。图 5.8 为故

障类型 1 情况下服务恢复期间的最佳能源调度。由图可以看出，来自交流电路的 ES 于第 1 次和第 2 次处于荷电状态，并于第 3 次和第 4 次转至放电状态。相反，来自直流线路的电能从一开始就输出能量。出现这种现象的原因是：直流电路可以通过增加 VSC_2 的输出来控制可中断负荷，从而调节自身，以适应新的运行条件，来自交流电路的电子稳定系统则需要调度能量，以克服交流负荷的峰值问题。这同时也证明了来自直流电路的电子稳定系统需要在第一时间输出能量。

表 5.5　服务恢复期间可中断负荷调节系数表(故障类型 1)　(单位：%)

案例编号	不同节点对应的可中断负荷调节系数			
	9	15	16	30
案例 1	3.43	0.87	0.78	0.34
案例 2	0	0	0	0
案例 3	0.59	0.22	0.22	0.11

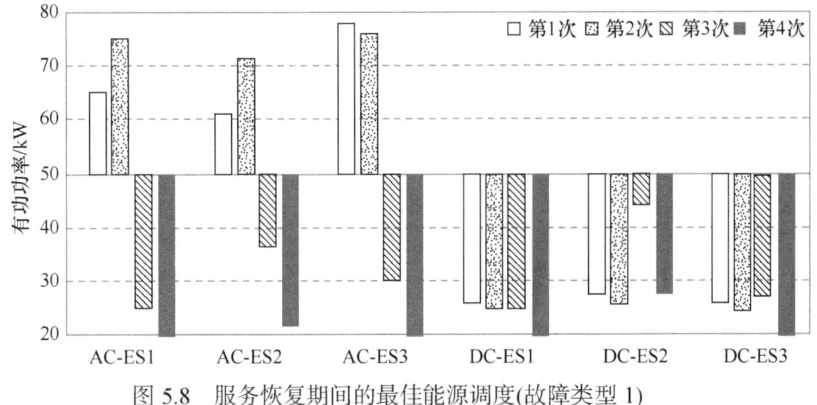

图 5.8　服务恢复期间的最佳能源调度(故障类型 1)
AC 表示交流电路；DC 表示直流电路

2. 故障类型 2

表 5.6 为故障类型 2 的服务恢复结果。若无应急电源，则案例 2 和案例 3 的总恢复供电率将比案例 1 显著减少。在案例 2 中，由于没有应急系统，断电区域不能孤岛运行，在不进行网络重构的情况下，案例 2 的总损耗较案例 1 显著减少。

表 5.6　故障类型 2 的服务恢复结果

案例编号	主系统恢复供电/kW	孤岛恢复供电/kW	总恢复供电率/%	总损耗/kW	断开调节功率/kW
案例 1	1195	390	42.66	4506.8	0
案例 2	1135	0	30.55	3431.5	1600
案例 3	865	390	35.40	5623.0	0

图 5.9 为故障类型 2 功率恢复方案示意图。图 5.10 为服务恢复期间的最佳 VSC_2 输出。由图可知，隔离故障后，在没有 VSC_1 的情况下，VSC_2 主要负责支持断电区域的有功功率，它是随着负荷的需要而变化的。此外，VSC_2 没有足够的容量来支持整个断电区域，因此孤岛被划分。

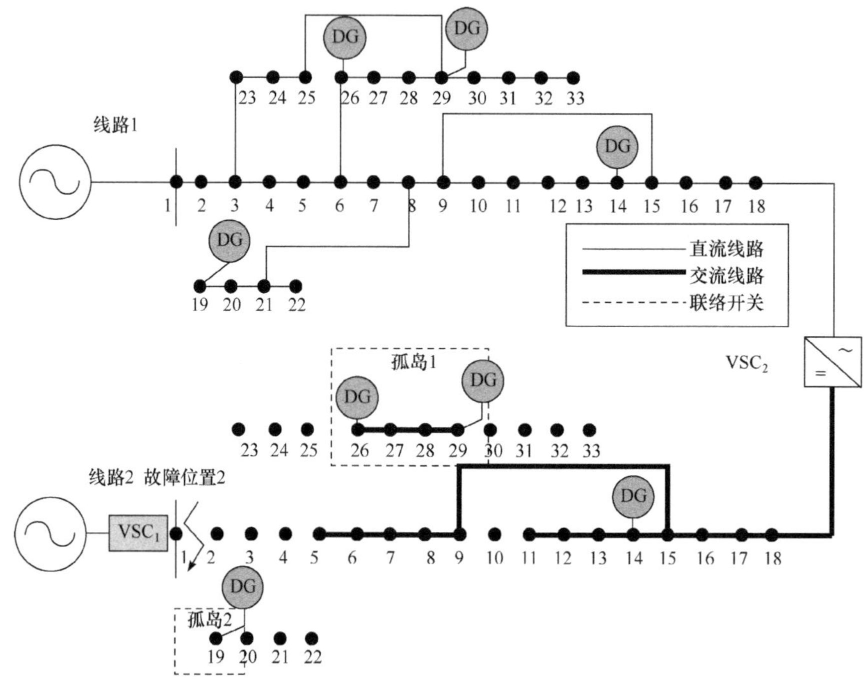

图 5.9　故障类型 2 功率恢复方案示意图

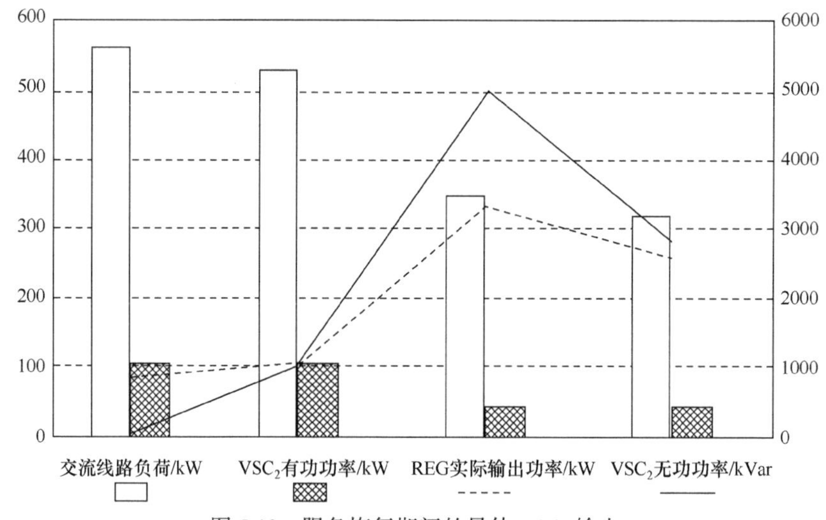

图 5.10　服务恢复期间的最佳 VSC_2 输出

表 5.7 为故障类型 2 情况下服务恢复期间可中断负荷调节系数表。图 5.11 为故障类型 2 情况下服务恢复期间的最佳能源调度。由图可以看出，来自交流电路的 ES2 和 ES3 于第 2 次处于荷电状态，并于第 1 次、第 3 次以及第 4 次转至放电状态。相反，来自直流线路的 ES 在开始时就输出其能量，与案例 1 相同。造成这种现象的原因是：对于一个不能通过增加 VSC_2 的输出或控制可中断负荷来调节自身以适应新运行条件的直流系统，来自交流电路的 ES 不仅需要在第 3 次是交流负荷调峰，还需要在第 1 次是交流负荷调峰。因此，来自直流电路的 ES 首先需要像案例 1 一样输出它们的能量。

表 5.7　服务恢复期间可中断负荷调节系数表(故障类型 2)　(单位：%)

案例编号	不同节点对应的可中断负荷调节系数			
	9	15	16	30
案例 1	0	0	0	0
案例 2	0	0	0	0
案例 3	0	0	0	0

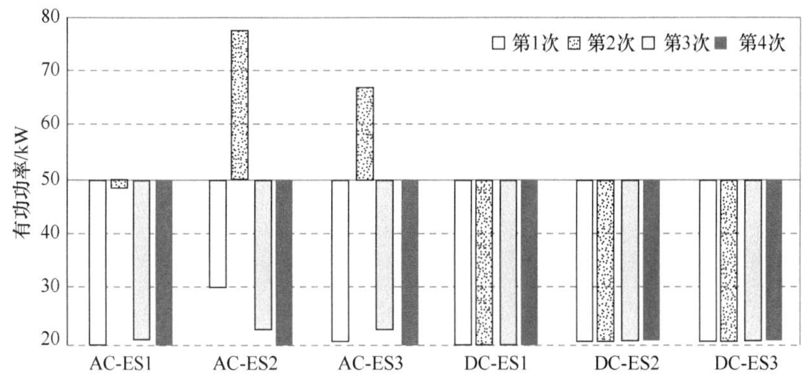

图 5.11　服务恢复期间的最佳能源调度(故障类型 2)
AC 表示交流电路；DC 表示直流电路

参考文献

[1] 胡晨, 杜松怀, 苏娟, 等. 新电改背景下我国售电公司的购售电途径与经营模式探讨[J]. 电网技术, 2016, 40(11): 3294-3298.

[2] 韩延民, 陈军, 肖明卫. 电力需求响应在部分试点城市实施情况调研分析[J]. 电力需求侧管理, 2016, 5(9): 35-37.

[3] 范龙, 李献梅, 陈跃辉, 等. 激励 CCHP 参与需求侧管理双向峰谷定价模型[J]. 电力系统保护与控制, 2016, 44(17): 46-50.

[4] 禤培正, 雷佳, 华栋, 等. 消纳大规模风电的电力系统源荷协同调度[J]. 广东电力, 2016,

29(8): 12-15.

[5] 段银斌. 市场化售电主体运营模式及关键业务研究[J]. 电力需求侧管理, 2016, 18(3): 42-44.

[6] 陈政, 王丽华, 曾鸣, 等. 国内外售电侧改革背景下的电力需求侧管理[J]. 电力需求侧管理, 2016, 18(3): 63-64.

[7] 赵雄光, 郑旭, 赵红生. 供电安全标准分析法在配电网规划中的应用[J]. 湖北电力, 2016, 40(1): 63-66.

[8] 王非, 李凝, 侯平路. 基于角色权限管理的 B/S 与 C/S 模式相结合的教务管理系统安全体系的研究与设计[J]. 辽宁师范大学学报(自然科学版), 2012, 35(4): 488-492.

[9] 范明天. 中国配电网面临的新形势及其发展思路[J]. 供用电, 2013, 31(1): 1-5.

[10] Sedghi M, Aliakbar-Golkar M, Haghifam M R. Distribution network expansion considering distributed generation and storage units using modified PSO algorithm[J]. International Journal of Electrical Power, 2013, (52): 221-230.

[11] Fan M, Zhang Z, Tian T. The analysis of the information needed for the planning of active distribution system[C]. IET 22nd International Conference and Exhibition on Electricity Distribution, 2013: 1-4.

[12] 杨好德. 基于 GIS 的电网规划管理系统研究[J]. 机电信息, 2013, (3): 24-25.

[13] 周鲲鹏, 颜炯, 方仍存. 基于 GIS 的电网规划集成应用平台[J]. 湖北电力, 2012, 36(5): 1-4.

[14] 丁然, 康重庆, 周天睿. 低碳电网的技术途径分析与展望[J]. 电网技术, 2011, 35(10): 1-8.

[15] 尤毅, 刘东, 于文鹏. 主动配电网技术及其进展[J]. 电力系统自动化, 2012, 36(18): 10-16.

第 6 章　配电网接地故障定位

在我国的配电网中，中性点运行方式通常采用非有效接地的形式，即中性点采用消弧线圈接地或中性点不接地的运行方式，也称为小电流接地方式，对减少用户的停电时间有着很重要的意义[1]。近些年来，科研人员对配电网进行了更加深入的研究，尤其是对故障状态下的稳态及暂态过程的电压、电流有了更加深入的研究，在接地故障监测技术方面有了极大进步[2]。然而，目前的技术仍缺少更便捷的方法对接地故障进行监测和定位。

6.1　配电网单相接地故障特征及其基础理论

6.1.1　中性点不接地系统发生单相接地故障后的稳态信号特征

1. 零序电压特征

设 A、B、C 三相中的 A 相发生单相接地故障，则 A 相的相电压会降低，B 相和 C 相的相电压和零序电压会升高。接地电阻的阻值大小会影响相电压和零序电压的大小，相电压的数值在零到线电压数值之间变化，零序电压的数值在零到相电压数值之间变化。

2. 零序电流特征

设 A、B、C 三相中的 A 相发生单相接地故障，则 A 相的零序电流方向从线路指向母线，B 相和 C 相的零序电流方向从母线指向线路。

3. 零序电压和电流的相位关系

电流为容性电流，零序电流超前零序电压约 90°。

6.1.2　中性点不接地系统发生单相接地故障后的暂态信号特征

在研究中性点不接地系统中单相接地故障的暂态过程时，主要研究的是故障特征量[3]，在稳态过程中研究系统参数。接地方法和负载电流对故障特征量影响很小。

1. 暂态零序电流的方向特征

排除消弧线圈的影响，故障线路与非故障线路的暂态零序电流方向相反。

2. 暂态零序电流的幅值特征

暂态零序电流的幅值远大于稳态零序电流的幅值，且持续时间非常短(0.5～1个周期)。此外，位于电源侧附近故障点的暂态零序电流幅值也很大。

6.1.3　单相接地故障电路理论

当系统发生单相接地故障时，故障处的暂态容性电流和暂态感性电流共同组成暂态接地电流，二者相位和频率不同，因此在后续分析时不可以相互抵消。在分析系统单相接地故障时，可参考如图 6.1 所示的暂态电流等效电路图。

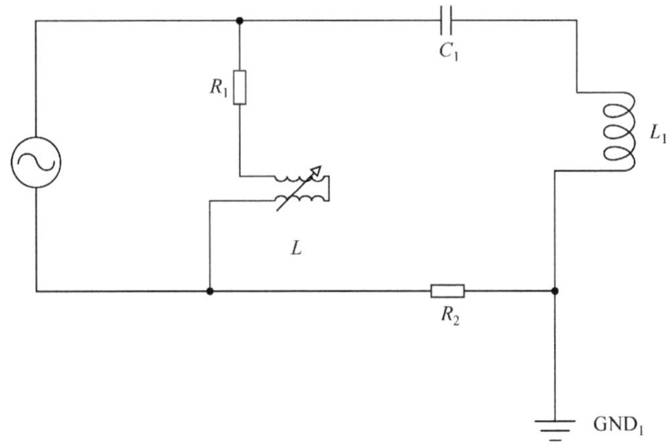

图 6.1　单相接地故障时暂态电流等效电路图

6.1.4　三相对称基础理论

在电网正常运行时，三相对称电流以其中的两相作为回路流通，在计算时可以认为三相线路的每一相和大地之间都形成了独立的回路。三相对称线路的等效电路如图 6.2 所示，若以 A 相电压作为参考向量，由三相对称线路可知，B 相、C 相与 A 相的相位差为 120°。假设 A 相、B 相和 C 相对地电容的大小都相等，对地电容电流设为 I_A 、I_B 、I_C ，电容电抗 $X_C = -\mathrm{j}\dfrac{1}{\omega C}$ 。

各相对地电容电流可以表达为

$$
\begin{aligned}
I_A &= U_A / X_C = \mathrm{j}\omega CU\angle 0° = \omega CU\angle 90° \\
I_B &= U_B / X_C = \mathrm{j}\omega CU\angle -120° = \omega CU\angle -30° \\
I_C &= U_C / X_C = \mathrm{j}\omega CU\angle 120° = \omega CU\angle 210°
\end{aligned} \tag{6.1}
$$

式中，I_A 、I_B 、I_C 为各相对地电容电流；U_A、U_B、U_C 为各相电压；X_C 为电容电抗；ω 为角频率；C 为电容；U 为总电压。

线路对地的零序电流 I_0 与对地电容电流的关系可以表示为

$$3I_0 = I_A + I_B + I_C \tag{6.2}$$

由上述假设已知，线路的对地电容电流是对称的，电容参数也是对称的，因此三相线路对称运行时，线路对地的各相电容电流也是对称的，在此情况下，零序电流为常值 0。

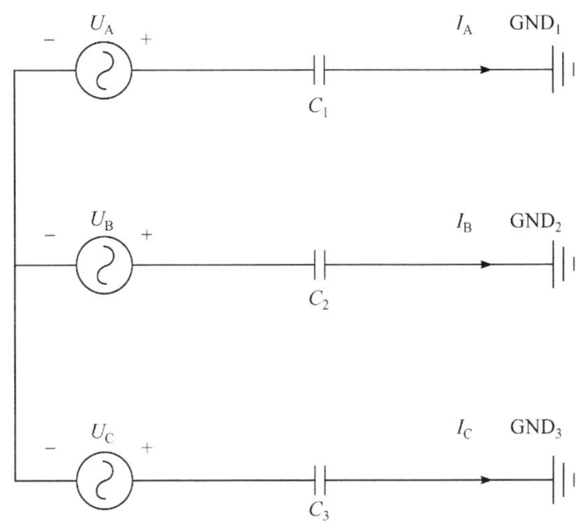

图 6.2　三相对称线路的等效电路图
GND 表示电线接地端

6.2　配电网单相接地故障监测及其定位理论

我国配电网中的架空线路主要使用两种运行模式：中性点不接地和通过消弧线圈接地。接地故障检测方法随中性点的接地类型而变化[4]。

6.2.1　基于稳态信号特征的监测方法

1. 中性点不接地

中性点不接地的架空线路可以使用以下监测方法。

1) 零序电流幅值法

零序电流幅值法的优点是原理简单、易于实现，缺点是不监视零序电压的大小，因此无法判断零序电流的方向。使用该方法的前提是故障发生在 I_0 较大的线路上。

2) 零序电流极性法

在故障线路上，故障点前零序电流由母线向外流出，故障点后朝着母线方向流动。使用零序电流极性法的优点是不需要考虑零序电压的大小，与零序电流幅值法相比，该方法更加准确，缺点是当用户侧的负载电流较小时，电流互感器供电困难，同时功耗也会增加。

3) 零序无功方向法

零序无功方向法不仅可以监测零序电流，还可以判断零序电流方向并监测零序电压，中性点不接地系统可以采用此种方法。此方法不适用于中性点经消弧线圈接地系统，若用在中性点经消弧线圈接地系统中，则会导致测量结果出现偏差，造成数据不准确。零序无功方向法的缺点是增加了零序电压的监测，使得实施过程变得复杂。

2. 通过消弧线圈接地

通过消弧线圈接地的线路可以使用以下监测方法。

1) 零序有功方向法

在中性点不接地系统中，零序电流包含无功分量和有功分量，判断零序电流的方向可以使用零序有功方向法。零序电流中的有功分量比无功分量的占比小，因此也需要对零序电压进行监测。该方法的缺点是对零序电压监测会使实施过程变得复杂。

2) 信号注入法(中电阻智能投切法)

监测中低电阻的永久性接地故障，可以采用信号注入法，但高电阻接地故障、瞬时性接地故障或是间歇性接地故障不适合采用此方法。若线路上发生接地故障，则零序电压会增大并超过设定值，从而发出信号使工作人员监测到故障的发生。此外，需要注意的是，信号源接地后产生的大电流会使跨步电压增加，从而产生不安全因素。

3) 五次谐波法

在系统发生单相接地故障时，会相应地产生五次谐波电流，五次谐波法的优点是原理简单、实施方便，缺点是信号弱、容易受到干扰、检测不可靠、容易出现误动作。

6.2.2 基于暂态信号特征的监测方法

对于不同的中性点运行方式，可以使用基于暂态信号特征的监测方法，此种监测方法不受变电站内消弧线圈的影响，可以分为以下两种。

1. 暂态特征法

当架空线上的某个位置发生了单相接地故障时，可以使用暂态特征法。暂态特征法的优点是原理简单、实施方便，且可以测出多种类型的接地故障，准确度较高，缺点是负荷的波动会影响该方法的监测，不能准确判断出接地电流的方向，且外部环境(如风、雨、雪、雷声等)会影响暂态电流信号和暂态电压信号。

2. 暂态录波法

暂态特征法应用后产生了暂态录波法，暂态录波法是在现场持续收集三相电流信号，然后由配电主站合成并分析零序电流波形。暂态录波法的优点是不易受到负载波动的干扰，可以极大提高检测能力，且可以检测多种性质的接地故障，缺点是该方法无法检测到零序电压，不能准确地确定接地电流的方向，容易受到自然环境(如雨、雪、风、雷声等)的干扰。

6.2.3　单相接地故障检测及其定位理论

在图 6.3 中，在 10kV 线路的 A 相发生接地故障 8s 后，信号源检测到系统中的零序电压超过了预设阈值，同时检测到三相电压不平衡。将电流脉冲注入 10kV 线路，电流脉冲流经 10kV 无故障线路、主变压器的初级侧、故障相线和接地点，最后从接地点流回信号源，形成闭合的接地回路。故障指示器检测到流过环路的脉冲电流后将发出警告信号，同时还会将远程信号发送回配电主站[5-7]。

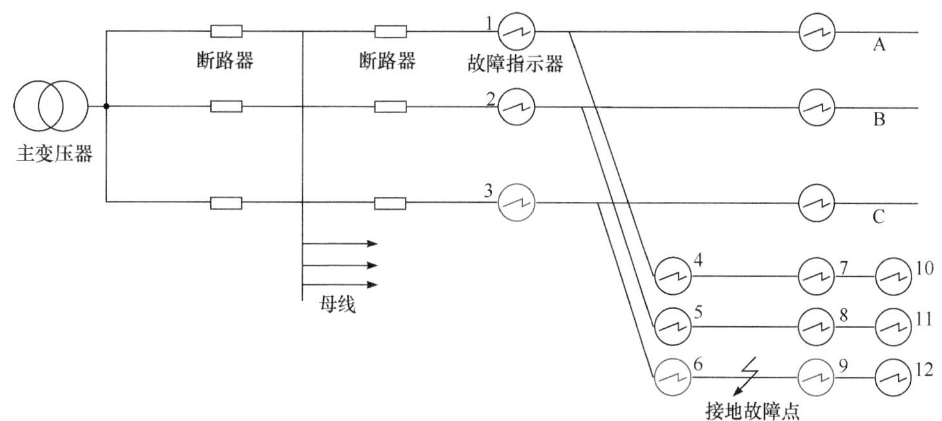

图 6.3　单相接地故障基本原理示意图

合成零序电流可以用来检测单相接地故障。由每条线路的电流与零序电流的关系可以发现，合成零序电流的首要任务是收集馈线上的电流，此步骤可以通过监测终端来完成。收集到电流后进行零序电流的合成，要完成此步骤就必须保证各条线路上电流的同步性，同步完成后才可以合成用来判断和定位的零序电流。因此，通过消弧线圈接地系统在中性点发生单相接地故障时，有必要对等效电路和等效模型进行分析。

由图 6.4 可以看出，系统发生接地故障时，会在系统中产生暂态接地电流 i_d，产生的暂态接地电流包括暂态电感电流 i_L 和暂态电容电流 i_C。在暂态接地电流中包含大量的非工频分量，这些非工频分量包含了整个系统中等效电感和等效分布电容之间引起的振荡高频分量。

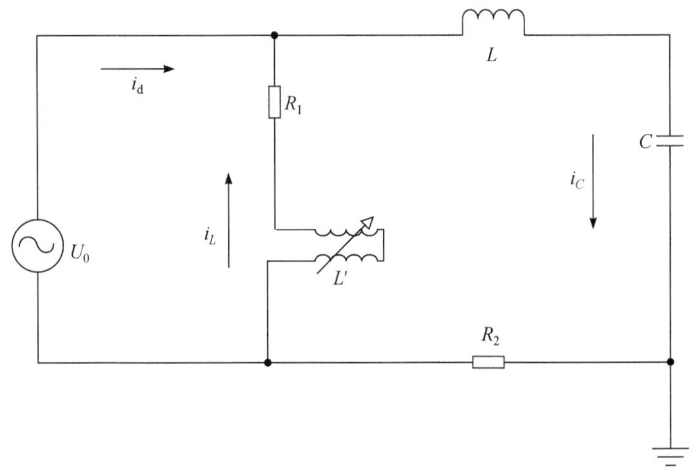

图 6.4　暂态接地电流等值电路

L'表示互感可调电感

1. 对于单条支路中性点不接地系统发生单相接地故障的分析

当单条支路中性点不接地系统发生单相接地故障时，发生故障的电压源与没有发生故障的电压源会形成一个回路，剩余的两相电压源就不会再形成闭合的回路。如图 6.5～图 6.7 所示，假设 C 相发生了接地故障，通过分析和计算，故障相电容和相电流之和构成了非故障相的电容和电流，为相电压与导纳乘积的三倍，同时，发生故障的一次电压源向量是垂直的，并且相位滞后，可以等效为故障相电源中接入了容性电流。

2. 对于多条支路中性点不接地系统发生单相接地故障的分析

多条支路中性点不接地系统发生单相接地故障的原因与单条支路中性点不接地系统发生单相接地故障的原因相似，二者的区别为，当多条分支线路的其中一条发生单相接地故障时，故障相的电流将流向非故障相的分支。图 6.8 为多条支路发生单相接地故障的示意图(打开开关意味着系统未连接消弧线圈)。当图中线路 2 的 C 相发生单相接地故障时，在故障相和非故障相之间会形成电容性电流路径，整个电路的电容性电流将流向故障相的电压源。

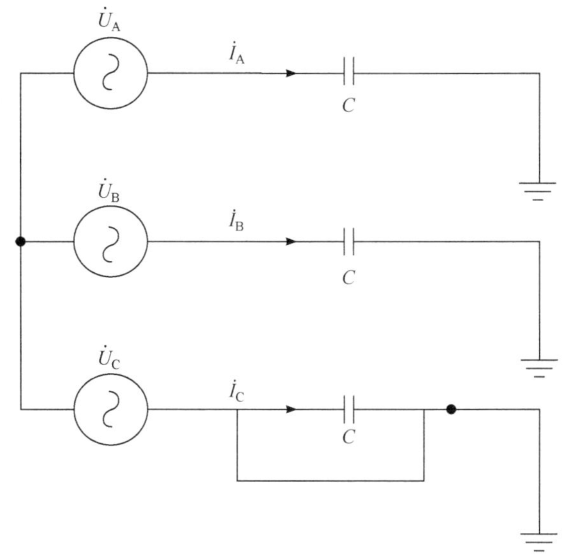

图 6.5　C 相发生单相接地故障示意图

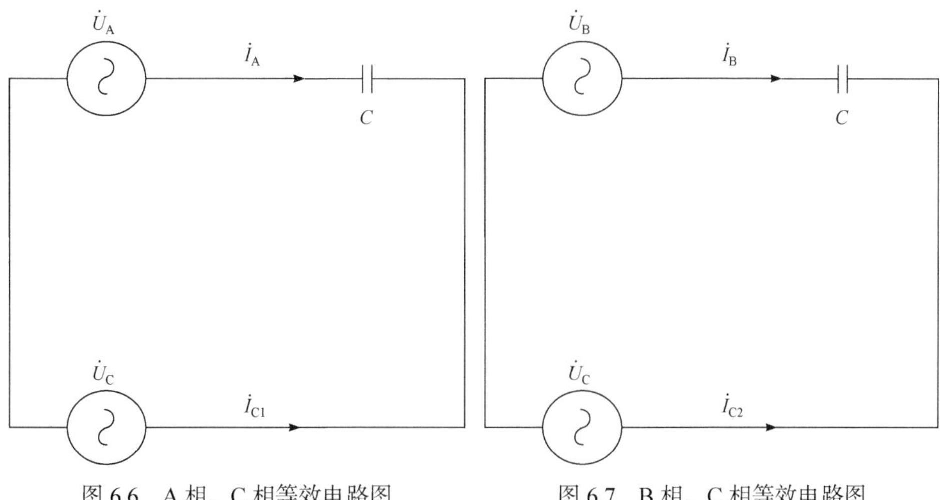

图 6.6　A 相、C 相等效电路图　　图 6.7　B 相、C 相等效电路图

零序电流在完好线路和故障线路上的分布特征是不相同的，多条支路的非故障线路零序电流是该线路非故障相的电容电流之和，而故障相的容性电流等于所有容性电流之和。

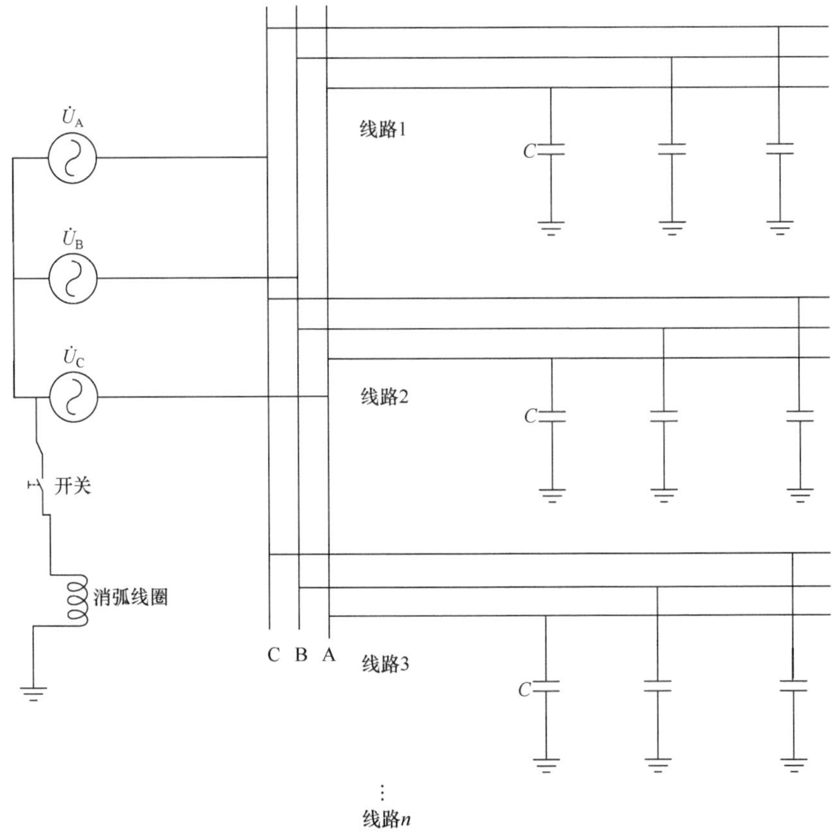

图 6.8　多条支路发生单相接地故障的示意图

6.3　配电网的故障定位方法

6.3.1　二进制粒子群算法

粒子群算法在本质上是人工智能思想的体现，相当于鸟群捕食。当一群鸟搜寻食物时，其中一只发现了食物，它可以知道当前位置与食物的距离，并且沿着鸟与鸟之间的沟通使该信息传递下去。

粒子群算法是把每个粒子都看成潜在解，通过对速度和位置迭代的方式对其进行判断，即所有潜在解在运行时的任何时刻都有不同的速度、位置以及适应度函数值。在探索过程中，粒子群算法通过对自身的经验(自我认知)和其他同伴的经验(社会经验)进行分析、修正，进而调整出适应度函数值。

粒子群算法最初主要是用来处理优化情况的，可是在现实生活中，离散型优化问题更多，许多实际工程问题都属于离散型优化问题。为解决这样的问题，相关领域学者在连续型粒子群算法的基础上提出了适用于离散型搜索空间的二进制粒子群算法[8-10]。

二进制粒子群算法是指粒子只有 0 或 1 两种方式进行输出。当速度小时，对应位置为 0 的概率更大；当速度大时，对应位置为 1 的概率更大，粒子的速度可通过函数进行迭代。

基于二进制粒子群算法故障定位流程如图 6.9 所示，主要包括如下 6 个步骤：

(1) 参数初始化，包括种群数量、迭代次数、个体最优值、种群最优值。

(2) 输入由馈线终端单元(FTU)上传的数据，并依据上传的数据对粒子进行搜索维数定位。

(3) 列出评价函数。

(4) 更新个体和种群最优值。

(5) 更新粒子速度与位置。

(6) 观察是否满足迭代要求，若满足，则确认结束；若不满足，则返回第(3)步。

6.3.2　行波定位法

20 世纪 40 年代就有学者提出了基于行波法的故障定位方法——行波定位法，即按照行波的形式进行定位，从而实现精准分辨故障距离的功能。分辨故障距离的核心思想是由其中一点给出故障信息，再通过高频信号达到通信导通，实现对故障的准确定位[11-14]。

行波定位法最大的优点是影响较小，不会对系统运行状态造成太大干扰。因此，行波定位法发展前景非常可观，建立准确的、基于行波法的故障定位方法并利用配电网的相关算法是目前处理故障问题的大趋势。对行波定位法进行详细分析的前提是掌握电力系统暂态知识，尤其是暂态行波的概念。随着世界各地定位技术的崛起与发展，不同节点的记录也变得十分轻松。单端行波法的故障判定由线路行波计算所得，利用初始行波浪涌和反射行波浪涌的时间差进行判断，此方法的主要缺点是行波检测装置不廉价，导致其很难大规模普及在配电网中。

针对这一缺点，很多学者进行了改进研究，出现了阻抗法。目前，绝大多数阻抗法均以装置和故障点之间的阻抗进行判断，从而实现对故障点与变电站距离的确定，但是馈线的分支又很复杂，通过阻抗法容易得到多处故障点，引发多重根，从而影响准确性。这一问题可以通过安装故障指示器来缓解。

行波定位法是利用时域信号和数据进行故障判断的，可以轻而易举地提取故障点发出的高频暂态信号，并将其应用于故障定位，对行波故障定位进行优化还可以进一步提升电网的经济性与实用性。

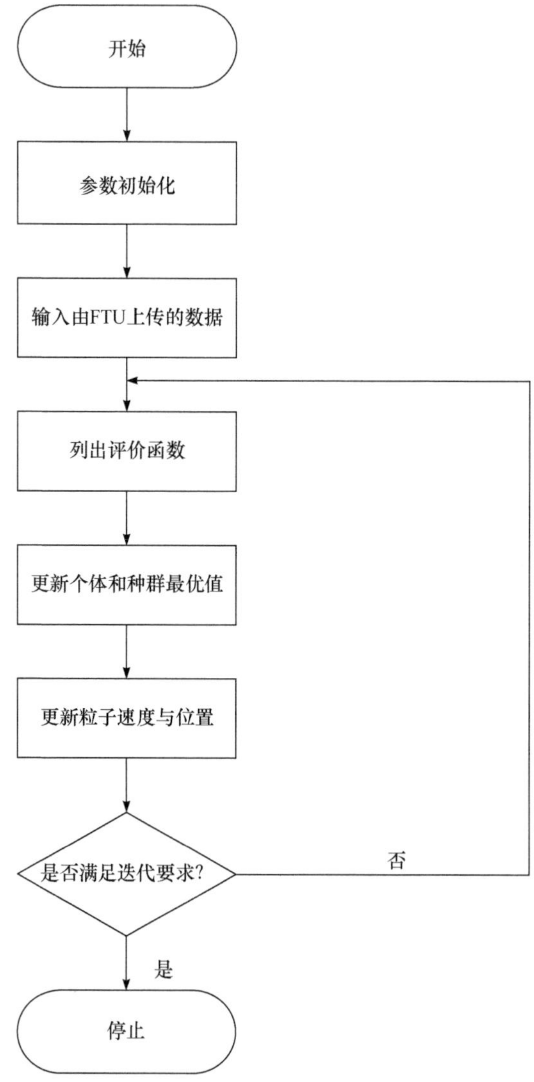

图 6.9　基于二进制粒子群算法故障定位流程图

6.3.3　小电流接地故障定位法

1. 注入法

注入法通常是指故障后由信号注入装置来实现信号传递的方法。该方法的优点是在实践中可以摆脱消弧线圈对系统的干扰，并且效果稳定。注入法也存在缺点，注入信号会被电压互感器的容量所束缚，当接地电阻增大时，会影响注入信号从而分流，导致其难以实现故障精准定点。若接地点还有间歇性电弧存在的问题，则注入的信号也无法实现精准定点，而且注入法沿线路寻找故障点所在位置的过程耗时较长，也会导致系统跳闸等现象发生，且该方法不可以检测接地故障的瞬时性与间歇性。

2. 中电阻法

对于人为的故障工频电流,利用中电阻法可以实现对小电流接地故障的检测。中性点并联电阻接地示意图如图 6.10 所示。

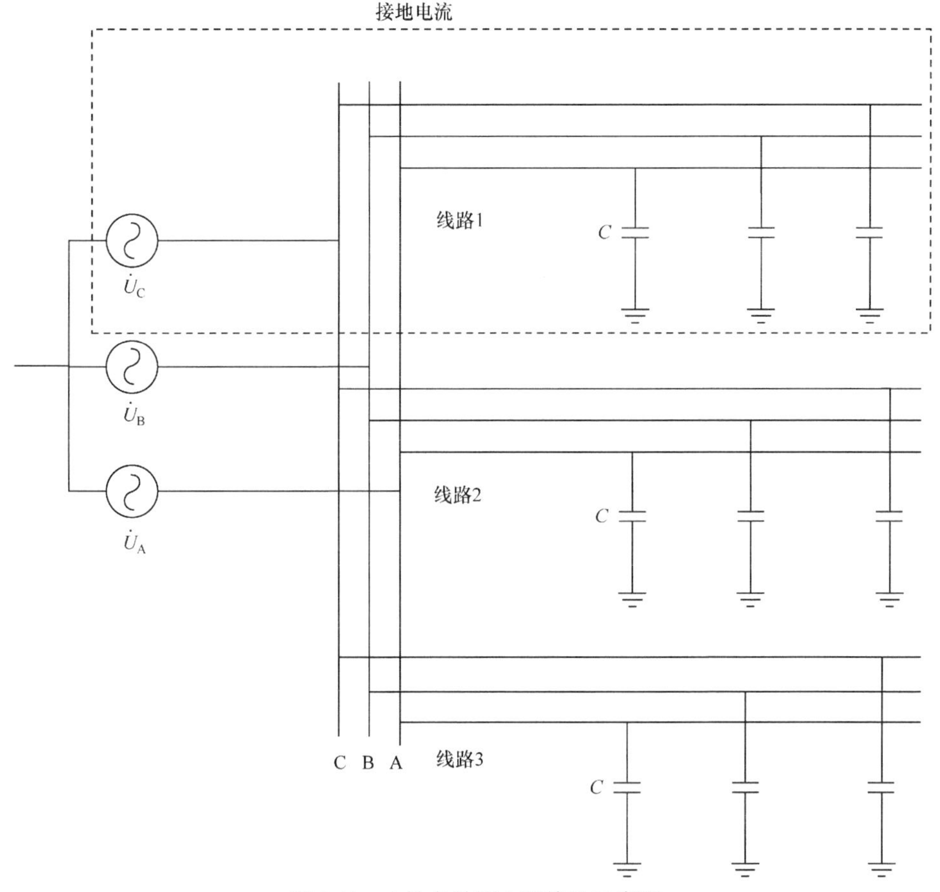

图 6.10　中性点并联电阻接地示意图

当系统在断开状态时，并联电阻不接入系统，而瞬时接地故障是根据消弧线圈的灭弧现象进行判断的。对于永久性接地故障，通常会历经一段时间的缓冲，然后按照预设进行电阻投切。中电阻法存在安全隐患，容易放大故障电流，且中性点电阻不太符合实际预算，投资成本会大大增加。为了避免引发事故，并不提倡使用中电阻法，且该方法也不可以作为检测方法来检测接地故障的瞬时性与间歇性。

3. 交直流综合注入法

交直流综合注入法检测故障具体步骤为：

(1) 注入交流电流信号源。

(2) 选择交流相应信号的注入及检测方法。

(3) 分别对线路的节点进行拓扑研究，确定检测点。

(4) 注入直流信号，通过二分法原理确定故障段，从而实现探测区域的缩小。

(5) 注入交流信号，通过交流检测原理确定故障区段。

(6) 根据不同电阻和拓扑情况选用不同的检测方式，确定故障点位置。

采用交直流综合注入法可以有效提高定位的准确度，注入信号在线路中不会变弱，因此可以忽略对线路分支的考虑。

6.3.4 配电网故障定位步骤

目前，我国的配电网分为高压配电网、中压配电网、低压配电网，在每个电压等级下的配电网都难以保证不会出现故障，一旦出现突发故障，就需要立即找到故障点进行隔离处理，从而保证损失最小。

配电网故障定位的流程是按照配电管理系统框架执行的，其整体步骤示意图如图 6.11 所示。

配电网选用配电管理系统支配配电网的运行及故障定位是因为系统结构错综复杂，通过配电管理系统可以高效便捷地处理系统与用户及平台之间的关系。当配电管理系统发现配电网出现非正常故障时，必须立即找到故障点，并将设备隔离，此过程需要将离线情况考虑在内。在正常情况下，需要采集电流、电压、开关状态、继电保护状态等数据信息，通过以上信息来判断配电网的运行状态是否正常。通过配电网收集的数据信息通常都是三相耦合的情况，且不易判断，因此需要对采集的数据信息分析处理,处理后的数据信息才可以作为配电网运行判据，从而实现对配电网是否发生故障进行判断。若发生故障，则可依据提供的故障类型、故障相以及故障区域进行分析，得到结果。

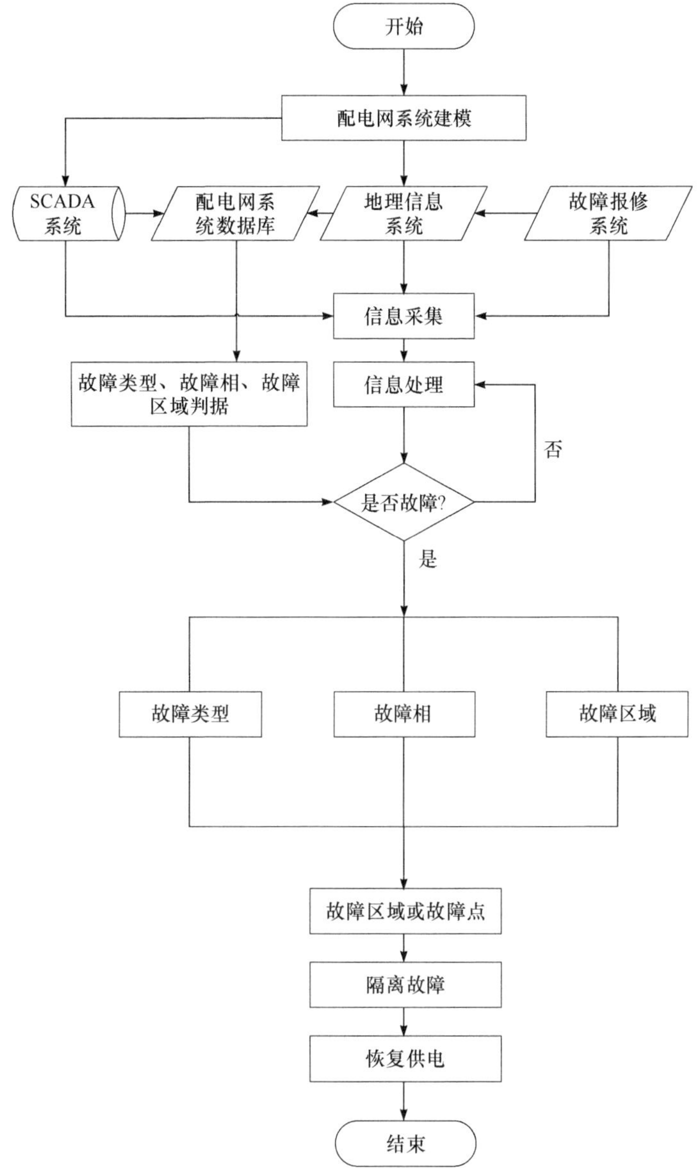

图 6.11　配电网故障定位的整体步骤示意图

6.4　配电网故障恢复

在配电网中，故障恢复即系统重构。当系统正常运行时，可以根据系统的运行情况来改变开关状态，进而达到调整网络结构的目的，这样做的优点是可以有效地减小网损的程度。配电网故障恢复分为正常条件下重构和故障后重构(供电恢复)两大类。

配电网故障恢复重构是十分复杂烦琐的，目前数值分析技术无法解决这个问题，只能由现场调度人员依据其经验进行决断[15]。当系统突发故障时，容易造成系统瘫痪，需要工作人员在短时间内恢复尽可能多的负荷，而事实上，面对如此紧张重大的情况，要求工作人员采取最正确、最有效措施的同时，尽可能地减少损失是非常困难的一件事，实际上配电网故障恢复重构问题在数学上仍然没有最优解。

随着技术的迅速发展，新能源并网的趋势越来越明显，孤岛的出现也使传统配电网供电恢复算法不再符合实际要求。因此，如何利用孤岛运行模式最大限度地对正常运行区域恢复供电是十分必要且具有现实意义的。

6.4.1 配电网故障恢复的模式

1. 早期的故障恢复模式

早期的故障恢复模式通常用两种方法，一种是先找到故障点，再沿着故障点展开检查，将每条线路依次断开，直到故障结束，但这种方法费时、费力、效率不高，而且需要中断用户的电源，十分不便；另外一种方法是通过故障指示器，由工作人员对各个故障指示器进行逐一排查，从而找到故障点，然后通过柱上开关设备进行手动隔离。这种早期的故障恢复模式自动化水平不高，耗时较长。

2. 配电网自动化的故障恢复模式

配电网自动化的故障恢复模式十分依赖于继电保护的规划、设计以及结构和配置，一般用于简单接线网络，不能满足负荷的调配与网络运行要求。

3. 配电管理系统的故障恢复模式

配电管理系统的故障恢复模式主要用于变电站和配电管理控制中心。当发生故障时，计算机故障恢复软件可以将设备采集到的数据传送到控制中心，并进行逻辑推理来判断故障点，这种恢复模式的优点是具有极强的适用性。

6.4.2 配电网故障恢复的要求

配电网故障恢复一般需要满足如下要求[15]：

(1) 要有准确的恢复方案，及时止损。

(2) 要将负荷侧重点考虑在内。

(3) 严格把控开关动作次数，特别是开断情况与短路情况。

(4) 在恢复过程中，要严格按照配电网的相关约束条件执行，否则极易出现电压不稳定或线路过载等问题。

6.4.3　配电网故障恢复的特点

在故障出现的第一时间，配电网应立即将元件隔离，这时可以将配电网分为三个区域进行分析。

1. 正常供电区域

正常供电区域是指可以维持区域内的正常供电状态，而且不受故障干扰的区域。

2. 故障区域

故障区域是指有元件突发故障的区域。

3. 非故障断电区域

非故障断电区域是指自身并未发生故障，但受故障区域影响而无法维持正常供电的区域。

配电网复杂的运行方式使故障后的恢复路径出现很多不可控性，故障恢复的终极目标是能够使电网在故障后依旧可以安全、稳定地运行，因此需要保证最大程度地对失电负荷进行供电，不仅是搜索恢复供电的路径，更重要的是找到最好的恢复方案。

通过数据分析发现，配电网的供电恢复有很多特性，可以针对不同特性制定不同的供电恢复方案，并合理运用算法进行处理。

供电恢复方案应满足的条件有以下几点：

(1) 迅速给出供电恢复所需方案，从而降低损失，将停电时间尽可能缩短。

(2) 供电恢复方案要保障系统的经济性。

(3) 故障发生后要尽可能地将重要用户的供电进行恢复。

(4) 开关操作的次数不宜过多，延长开关的实际使用寿命。

(5) 应该做到均衡分配分支线路和馈线。

(6) 配电网结构要恢复到故障前的状态。

(7) 考虑到系统的安全越界问题，应防止电压越限。

6.4.4　分布式电源对故障恢复的影响

网络重构是配电网管理最关键的一步，故障恢复重构是通过网络重构对非故障区失电负荷进行供电恢复的过程。近年来，由于分布式电源(DG)的广泛发展，对系统可靠性的要求也变得更加严苛。DG 的大力发展具有双面性，优点是在正常情况下，其可以改善网络过载与网络阻塞的问题，减少电压骤降；发生故障时，DG 可作为临时电源，通过孤岛运行维持电能运转，对系统稳定性有很好的提升。DG 的缺点是考虑到环境的影响，其输出功率存在不定期的波动性和间歇性，导致很多 DG 与电网调度部门信息传送匮乏，无法做到参数信息实时获取，特别是当系统出现大规模故障时，会使情况恶化。因此，研究分布式电源接入导致的故障恢复决策是势在必行的。

在现代配电系统中，DG 是通用化电源，其接入点比较多，配电网在其影响下会出现很多新变化，其中最明显的是潮流分布变动。当配电网出现故障时，故障电流的实际大小与流通方向会影响传统化的配电保护模式，保护装置具有的灵敏度与选择性均会受到负面影响。DG 自身也具有一些特殊的使用特点，其应用的控制策略并不固定，运行模式中也存在很多不可控因素。传统型保护装置与 DG 的契合度比较低。基于 DG 的特殊使用要求，相关技术人员开发了很多保护方式，根据 DG 的实际接入点，可以对配电系统进行区域划分，按照不同区域的具体运行特点来选定方案，坚持自适应保护原则来达到保护配电系统工作目的，确保可以在配电故障问题形成时，立即进行定位与故障分析工作，使配电网保持更高的安全性。

考虑到具有 DG 的配电网故障特性与恢复方法的复杂性，可以通过有序二元决策图来解决这一问题，利用有序二元决策图模型筛选出适合系统恢复的最佳方案。有序二元决策图是在二元决策图的基础上开展的新型结构，该结构运算简单、便于技术人员操控。

参考文献

[1] 薛永端, 李娟, 徐丙垠. 中性点经消弧线圈接地系统小电流接地故障暂态等值电路及暂态分析[J]. 中国电机工程学报, 2015, 35(22): 5704-5714.

[2] 韩红雅. 配电架空线路实时监测系统的研制[D]. 北京: 华北电力大学, 2015.

[3] 陈瑞. 配电网单相接地故障诊断系统的研制与开发[D]. 北京: 华北电力大学, 2014.

[4] 孙方坤. 配电网单相接地故障定位及在线监测研究与应用[D]. 北京: 华北电力大学, 2017.

[5] 尹丽, 王同强, 沈继鹏, 等.配电网接地故障检测和定位技术研究[J]. 油气田地面工程, 2020, 39(4): 54-56.

[6] Wu Z, Wen Y, Li P. A Power supply of self-powered online monitoring systems for power cords[J]. IEEE Transaction on Energy Conversion, 2013, 28 (4): 921-928.

[7] Chen Y, Liu D, Xu B. Wide-area traveling wave fault location system based on IEC61850[J]. IEEE Transaction on Smart Grid, 2013, 4(2): 1207-1215.

[8] 余兵. 含分布式电源的配电网故障区间定位及恢复研究[D]. 重庆: 重庆理工大学, 2019.

[9] 唐金锐. 电力线路在线巡视监测及故障精确定位的研究[D]. 武汉: 华中科技大学, 2014.

[10] 杨炎龙. 配电网故障定位研究[D]. 广州: 华南理工大学, 2013.

[11] 翟进乾. 配电线路在线故障识别与诊断方法研究[D]. 重庆: 重庆大学, 2012.
[12] 张钧. 配电网智能故障诊断与谐波源定位研究[D]. 成都: 西南交通大学, 2012.
[13] 王兆宇. 微电网及智能配电网的能量管理与故障恢复[D]. 上海: 上海交通大学, 2012.
[14] 冀鲁豫. 复杂配电网故障定位方法研究[D]. 北京: 北京交通大学, 2011.
[15] 周永勇. 配电网故障诊断、定位及恢复方法研究[D]. 重庆: 重庆大学, 2010.

第 7 章　配电网自动化的运行维护

7.1　配电网自动化的智能建设和运行维护

配电网自动化系统由配电终端、配电主站、配电子站以及一系列配电终端经配电网自动化通信系统连接组成，配电网及其相应设备运行的核心为配电网自动化中心系统，配电网自动化中心系统以一次设备组成的电网模型及电气设备作为电力运行的基础[1]。本章主要讨论配电网自动化的智能建设和运行维护问题，以及相关故障处理和应对措施，重点涉及智能配电终端与继电保护装置相配合的配电网自动化的运行维护环节。

在电力系统中，配电网肩负着为负荷及电力用户分配电能的任务，配电网由电缆或架空线、供电杆塔、静止补偿器等设施构成。随着电网的发展，配电网引入了越来越多的智能化设备，如通信设备、智能配电终端设备，这些设备将电力系统的运行、控制与配电网更紧密地联系到了一起，提高了供电质量。与传统技术相比，当前的配电网虽然智能化和效率更高，但同时也更加复杂，因此配电网的运行维护更成了重中之重。同时，配电网自动化的运行维护也关系着供电的稳定性和可靠性。配电网智能建设工程的提出具有前瞻意义，我国目前的配电网智能建设工程主要包括以下几部分内容：智能小区的建设布局、智能馈线的建设布局、用户中心的布局以及信息的建设、对智能化的普及[2]。

智能电网的建设和运行以构建未来电力系统运行的关键服务设施为主要目的，它们可以为智能联络通信系统搭建一个独特的操作命令平台。同时，智能配电终端运行的工作形式也十分重要，其直接影响平台和系统的运行质量。除此之外，本章对智能配电终端的结构也提出总体要求，指出智能终端在配电网中的具体功能和工作运行需求，并将其应用于智能配电终端的拓扑结构布局中。

7.2　智能配电终端的故障处理

智能配电终端的内部结构如图 7.1 所示，从上至下由通信层、其他功能层、故障处理层(涉及故障测距、定位等继电保护内容)和数据采集存储器(包含全球定位系统和数据采集功能)组成。

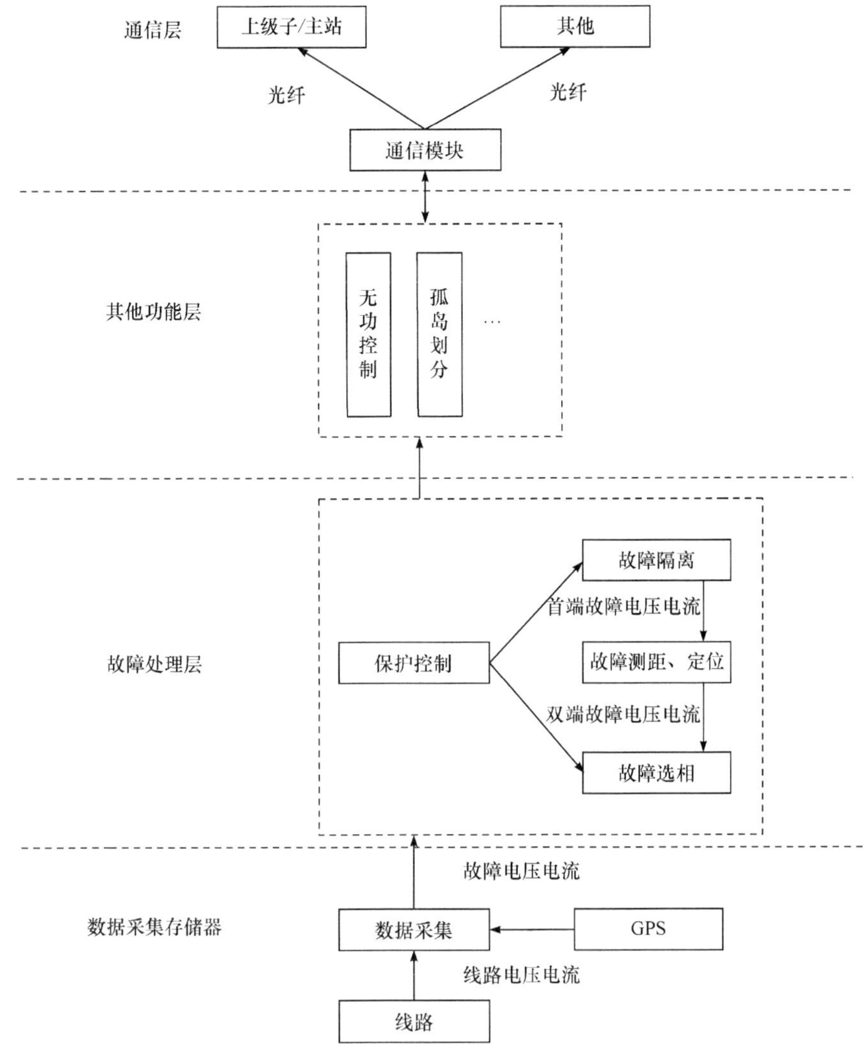

图 7.1　智能配电终端的内部结构

智能配电终端可以将正常时间线和实际时间线的故障进行同步，并实时上传至数据存储库中，其中智能配电终端根据采集到的数据进行相应故障处理的过程共涉及三大点：配电网故障的去除、配电网故障距离的测量以及配电网发生故障时如何进行故障排除。除此之外，在配电网自动化建设中，智能配电终端还有帮助完成无功功率优化、建立交互式通信等作用。

7.2.1　智能配电终端隐蔽故障检测系统

智能配电终端隐蔽故障检测系统由主控单元、电参数单元组成，配件有充电单元及蓄电池、温度采集单元、数据接口单元等模块。智能配电终端隐蔽故障检测系统的硬件框架如图 7.2 所示。

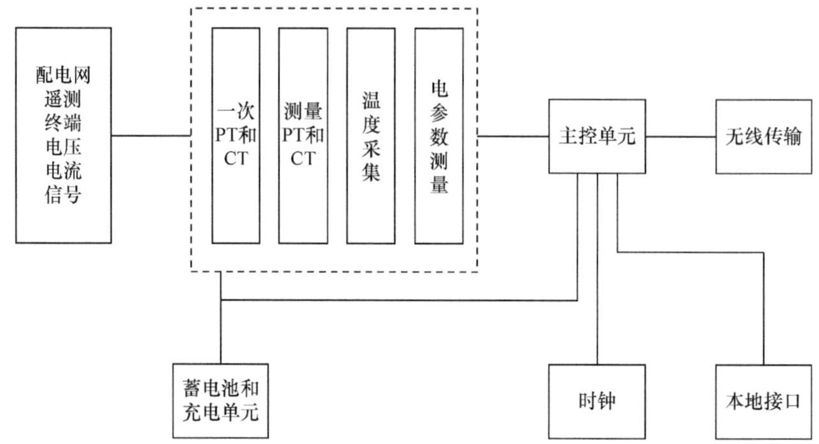

图 7.2　智能配电终端隐蔽故障检测系统的硬件框架

智能配电终端涉及终端软件程序的编写和运行，软件系统包含单片机和通用分组无线业务的关联和配合，运用单片机相应的程序语言对硬件设备进行命令控制和对智能配电终端进行需求功能的实现，并选择适合的编译环境，从而实现需要的功能。

智能配电终端隐蔽故障检测系统的检测主要步骤为：

(1) 端口进行交叉配置，输入漏极开路。

(2) 存储器编号进行外部输入，报警电流电压输出阈值，并重新更新信息数据。

(3) 初始化单片机和 GPRS 系统。

(4) 初始化相关标志位。

(5) 进行能源系统的选择，并将当前显示的所有数据和当前所有数据的默认值进行比较。若比较值不小于应用值，则进入故障定位和故障检测程序，并保存当前智能配电终端数据，将数据传送到图像的中心，并通过 GPRS 系统进行实时获取，直到收到停止的命令。收集下一相的数据并继续进行比较，再读取智能配电终端信息，当模式选择时间达到默认值时，进行各中断信号的发送。

(6) 故障检测系统等待中断命令，当智能配电终端软件检测到中断命令时软件运行，随后跳转到中断运行程序，即到数据采集的单片机中运行命令。当此命令运行时，程序通过单片机的接口向寄存器传输数据和命令，并把电压电流的数据和输入的具体指令进行反向传回，等待下一轮命令。

(7) 程序结束，判别智能配电终端类型，进行程序逻辑判断后再进入所选择的“中断命令”子程序。

智能配电终端隐蔽故障检测系统的检测流程如图 7.3 所示。在判断流程中，

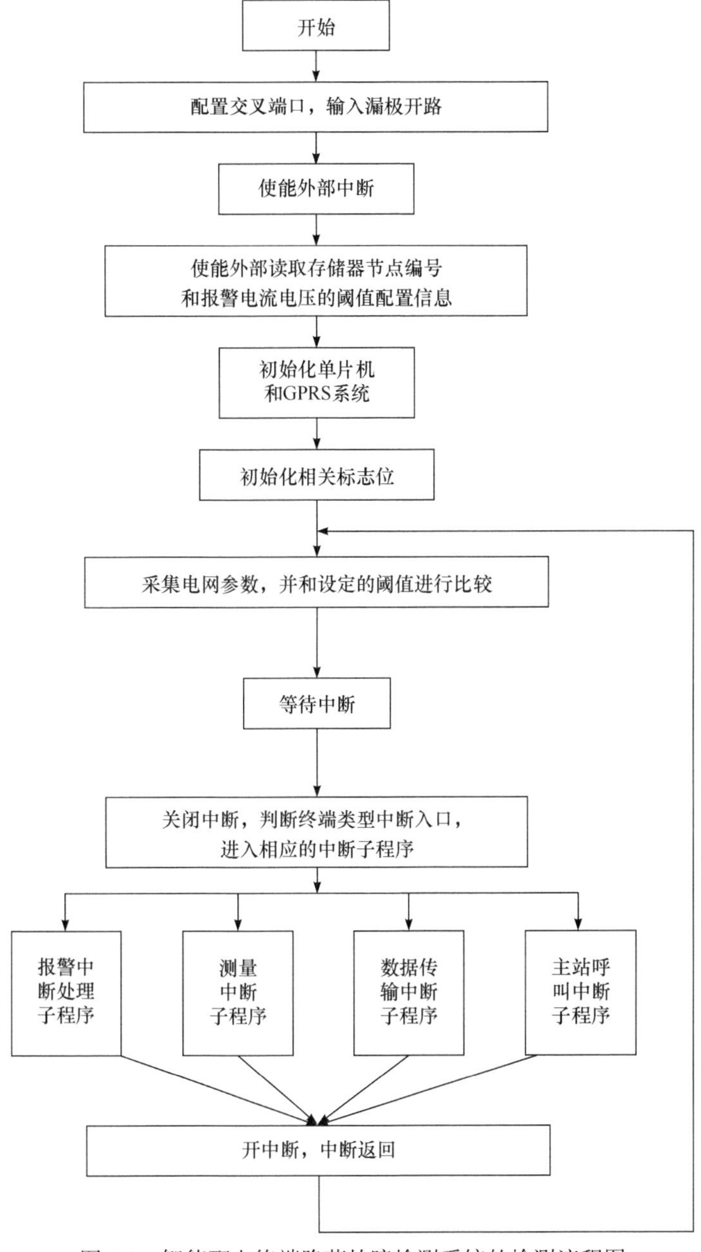

图 7.3　智能配电终端隐蔽故障检测系统的检测流程图

步骤(5)的网络参数要进行积累，网络参数要与指定的阈值进行对比判断。在传统的电力系统中，自动化软件往往直接将采集到的电压和当前的对比值进行对照，而本章提到的进行相应改进之后的软件系统是将数据与阈值进行一定的对照，这种对照能够减小故障检测的数据误差，改进技术后只需要判断比较的结果，这也降低了整体电力系统的能耗，从而提高了工作效率。

综上所述，改进后的自动化软件增加了许多模块，如电参数采集模块、温度增益模块、能量供应模块等，使性能得以提升，提高了智能配电终端最终存储数据的准确性，同时也开发了故障检测等隐藏软件功能，完成了故障智能配电终端错误检测系统的设计[3]。

7.2.2 智能配电终端故障隔离模块

当前，配电网中含有大量的分布式电源接入，自动化水平较高。传统的继电保护模式，如距离保护、三段式电流保护，在较为复杂多变的电网拓扑架构和运行方式下并不是十分适用。线路纵联保护是当线路发生故障时，使两侧开关同时快速跳闸的一种保护装置，是线路的主保护，它以线路两侧判别量的特定关系作为判据，即两侧均将判别量借助通道传送到对侧，然后两侧分别按照对侧与本侧判别量之间的关系来判别区内和区外的故障。线路纵联保护包含方向高频保护、相差高频保护和高频闭锁距离保护[4]。

在配电网中，可以将纵联差动保护作为继电保护判据，这种继电保护方式要求电流等电气量数据信息相对完整，这一要求可以通过将智能配电终端与继电保护装置配合来实现。智能配电终端含有具有数据采集功能的模块，且含有数据采集存储器，使其可以存储数据，并使数据信息相对完整，有利于差动保护的运行，从而满足继电保护要求的灵敏性和可靠性[5]。当配电网发生故障时，智能配电终端及继电保护装置会取得电流瞬时值，由此可对差动制动电流进行判定。若馈线发生的是瞬时故障，则自动重合闸装置会进行动作，使线路中的开关和刀闸等继电保护装置恢复原状。同时，智能配电终端应与继电保护装置相配合，在瞬时故障时不是发生动作，而是传输信号并报警。

在故障隔离流程中，智能配电终端要采集到该输电线路的电流数据信息，并形成差动电流和制动电流。智能配电终端与继电保护装置进行配合的工作流程如图 7.4 所示。

馈线中与智能配电终端配合的差动保护，其判据公式为

$$I_{\mathrm{d}} > K_{\mathrm{r}} I_{\mathrm{r}} \tag{7.1}$$

$$I_{\mathrm{d}} > I_{\mathrm{s}} \tag{7.2}$$

式中，I_{d}为差动保护测量电流；I_{r}为制动电流；K_{r}为制动系数；I_{s}为差动保护整定值。

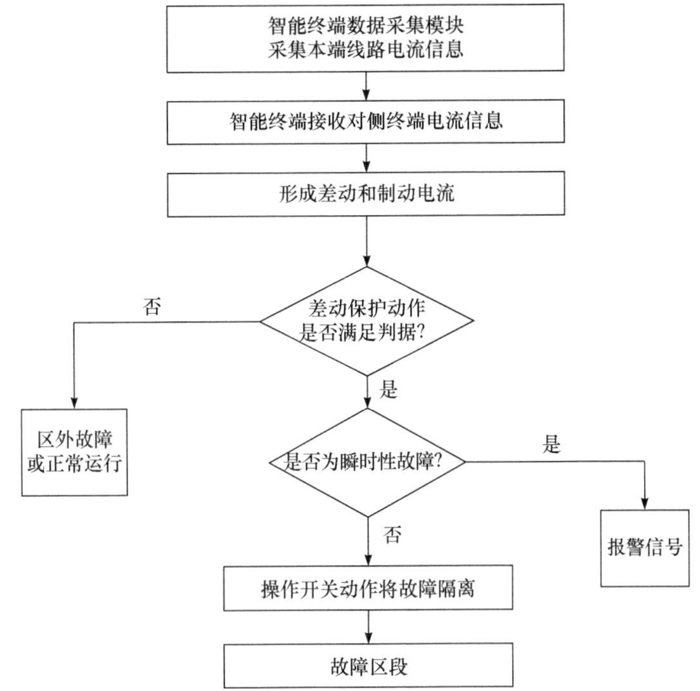

图 7.4　智能配电终端与继电保护装置进行配合的工作流程

但值得注意的是，为提高智能配电终端故障定位技术的准确性，差动保护的整定值在选取时，需要避开空载时配电网变压器的最大励磁涌流。考虑最大励磁涌流后，智能配电终端及故障隔离的工作流程如图 7.5 所示。

7.2.3　智能配电终端故障定位

除了纵联差动保护，继电保护方法中的双端测距法更加适合配电网。这是因为行波的反射、折射现象在配电网的等效电阻处不会出现，不会在进行故障定位时产生测量误差，并且双端测距一般利用故障行波达到线路两端的时间差进行测距，具有很强的可靠性和测量精度，基本不受线路类型、过渡电阻和系统运行方式的影响[6]。

在进行故障定位时，首先要分析电力系统的正序网络。为了减小误差，可引入拓扑叠加原理，智能配电终端故障定位测距流程如图 7.6 所示。

单相接地时，测量阻抗最小的一相为故障相；发生三相短路时，对比测量阻抗的最大值和最小值进行判定；两相故障与单相接地故障相反，取测量阻抗值最大的一相为故障相。智能配电终端单相接地故障、两相相间故障、两相接地故障和三相接地故障相的选择流程如图 7.7 所示。

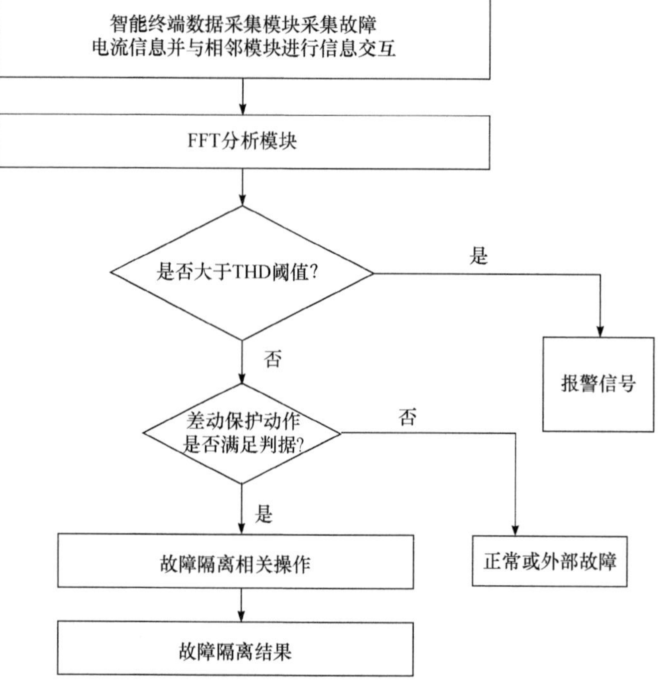

图 7.5　智能配电终端及故障隔离的工作流程

FFT 表示快速傅里叶变换；THD 表示总谐波失真

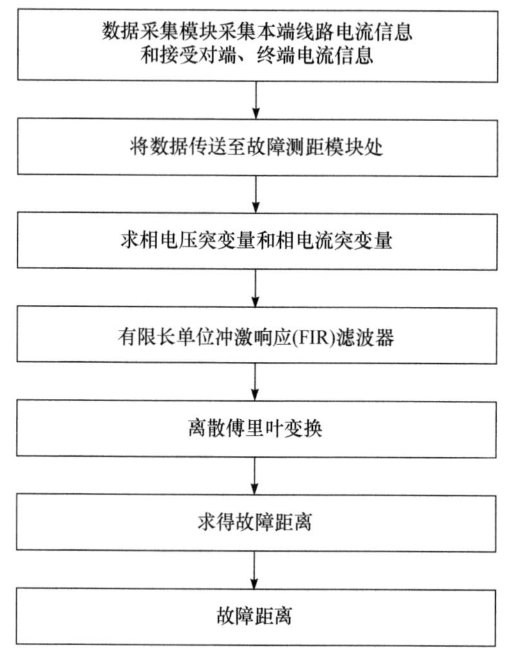

图 7.6　智能配电终端故障定位测距流程图

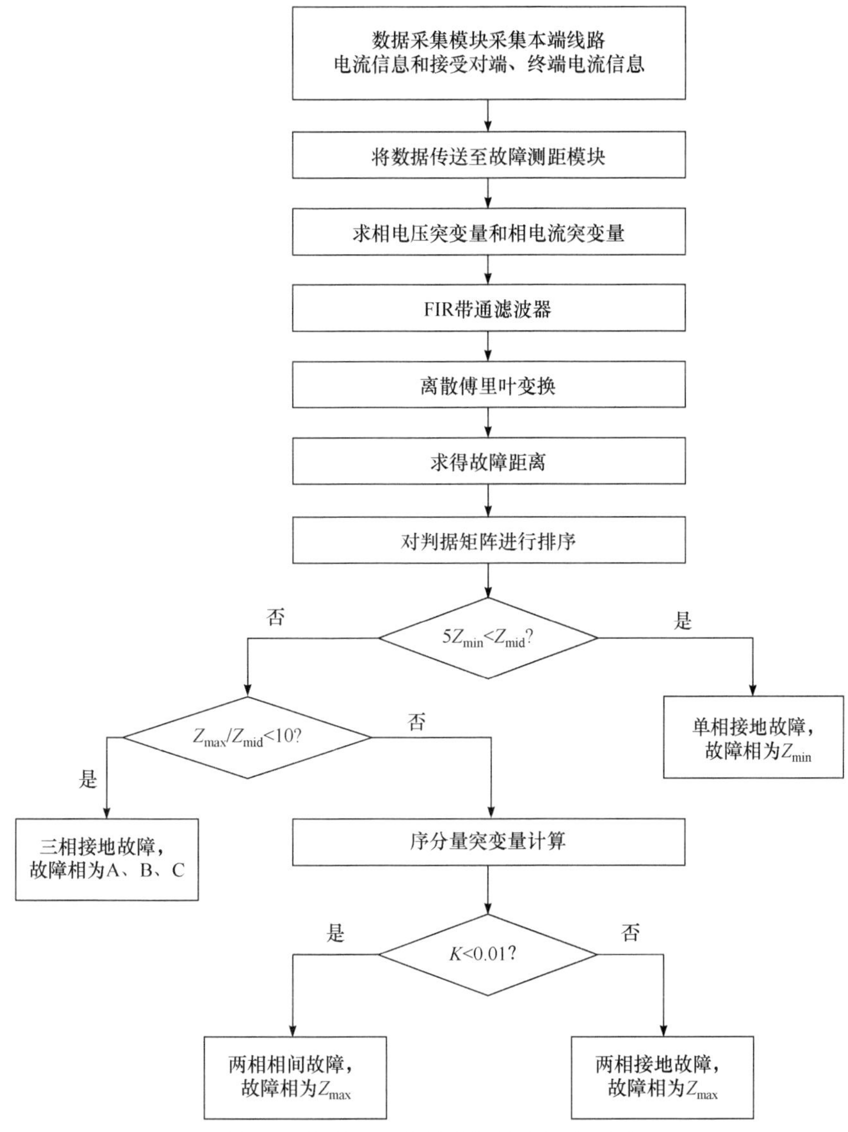

图 7.7　智能配电终端选择故障相流程图

7.2.4　故障监测终端故障判据

城乡配电网特殊时间段负荷量比较低，如式(7.3)所示，默认为当电网出现故障点时，电压有效值不大于电压额定值的 80%：

$$U_{rms} < 0.8U_{N} \tag{7.3}$$

式中，U_{rms} 为电压有效值；U_{N} 为电压额定值。

电力系统正常运行时，如式(7.5)所示，所求得的 U_i 和 $U_{i\text{-n}}$ 之差即电压突变量接近于零，当电力系统为故障状态或非正常运行状态时，电压突变量就会突然增加，在这里默认为当电网出现故障点时，其电压突变量大于电压额定值的 25%：

$$\Delta U = U_i - U_{i\text{-n}} \tag{7.4}$$

$$\Delta U > 0.25U_n \tag{7.5}$$

式中，ΔU 为电压突变量；U_i 为一个周率电压第 i 个测量点的电压瞬时值；U_n 为电压瞬时值；$U_{i\text{-n}}$ 为前一个周率电压第 i 个测量点的电压瞬时值。

馈线电流测量值与馈线计算电流之间满足的关系式为

$$I_k > 2K_{st}I_c \tag{7.6}$$

式中，I_k 为馈线电流测量值；I_c 为馈线计算电流；K_{st} 为线路引入馈线负荷时的冲击电流系数。

图 7.8 为故障监测终端的综合判据检测流程。在进行配电网故障检测时，对

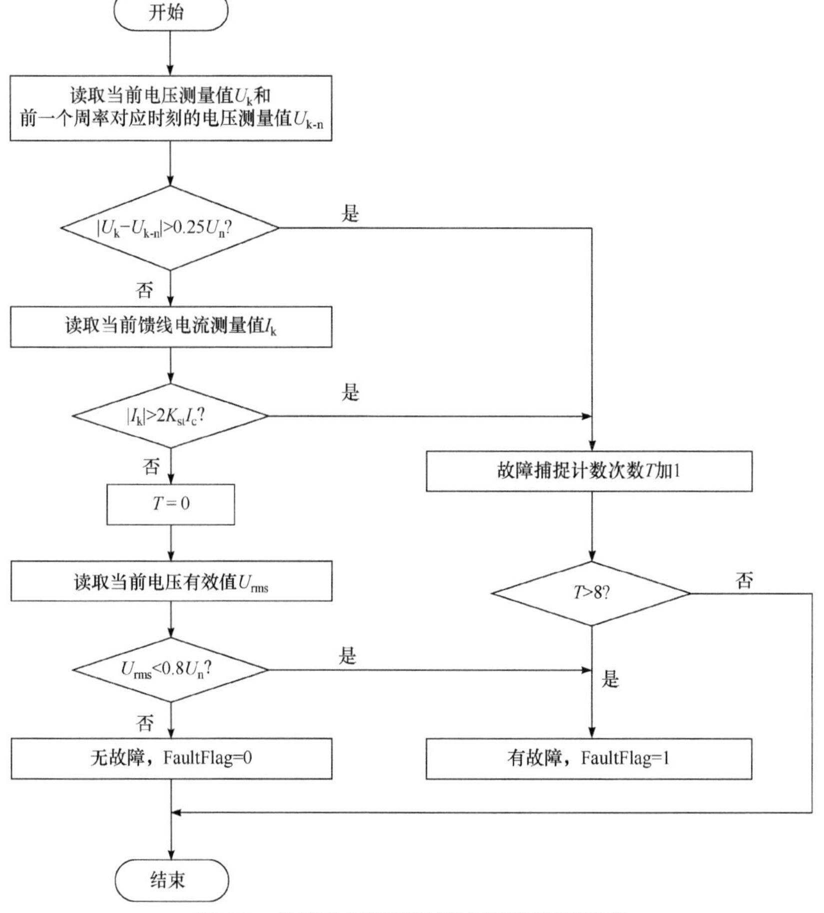

图 7.8　故障监测终端的综合判据检测流程

电力系统线路的电压或电流进行单一数据的判定结果并不精准，因此应进行故障检测的综合判断。综合判断可结合电压有效值、电流有效值、电压瞬时值、电流瞬时值进行多次判断，再根据判断次数进行综合评判，若连续 7 次检测到该故障点的瞬时故障，则认为满足条件，并判断该故障点确实发生了故障。

7.3　开关故障处理

7.3.1　配电网故障指示器和分段开关的优化配置

随着电力市场竞争的日益激烈，供电企业需要通过提高供电服务质量来增强竞争力，同时对电力系统的可靠性也有了更高的要求[7]。配电网由一系列组件组成，如线路、配电变压器、电容器等[8]，与电力系统的其他部分相比，配电网包含了更多种类和数量的器件，且结构也比较复杂，因此配电网发生故障的频率较高。

故障指示器和分段开关的配置可以显著降低成本，提高电力系统的可靠性。故障指示器不具备通过断线将故障区域与非故障区域隔离的能力，但是当配电网发生故障时，故障指示器可以加速故障定位及恢复电力供应的过程。分段开关可通过断线将故障区与非故障区进行隔离，恢复对非故障区用户的供电，有效减少中断用户的数量和持续时间[9]。若配电网中所有可能出现故障的位置都安装分段开关，则会导致成本提高。为满足可靠性的要求，同时减少投资，有必要对配电网故障指示器和分段开关进行优化配置。然而，目前只研究最优位置表示“状态”的主线，而忽略了影响设备的支线。随着配电网的不断建设，支线数量迅速增加，忽视分支线路的影响会给供电公司和用户带来严重的损失。考虑分支线路的影响可以有效提高自动化系统的可靠性，优化表示“状态”的设备。在数学方面，网络设备分布表示的“状态”问题可概括为一个复杂的组合约束优化问题。通常，供电公司通过经验、可用的客户数据和其他相关信息获得开关布局策略。

为解决此问题，可参考优化开关配置，以提高配电系统的恢复能量，通过遗传算法确定开关的数量和位置。与此同时，数学论述方法如线性规划和编程也适用于解决这个问题。在考虑接地故障的配电网自动化优化中，采用混合整数线性规划方法对问题进行建模，并且采用通用代数建模系统(general algebraic modeling system，GAMS)对模型进行求解。采用混合整数线性规划构建模型时，通过经验得到的解与全局最优解相差甚远。启发式算法的缺点是计算时间较长，结果在反复计算中也不是唯一的，不能保证得到全局最优解。此外，这些算法的运算效果特别依赖于操作者的经验和参数调整。与启发式算法相比，数学优化方法的主要优点是重复计算的结果具有唯一性并能保证全局最优解，主要缺点是在故障管理过程中，没有考虑故障指示灯与分段开关之间的协调关系，同时中断成本的计算也不准确。因此，国内外学者提出了一种混合整数线性规划模型，用以求解配电网中不同自动化设备的最优配置问题。优化的设备配置方案能够以最小的投资成本保证电力系统的高可靠性和高投资回报率，充分考虑不同类型自动化设备之间的差异，可以找到对中断成本和电力系统可靠性有重大影响的位置，并在这些位置配置自动化设备，解决分支线路对自动设备配置影响的量化和建模问题[10-14]。

配电网发生故障后，故障管理流程将系统恢复到正常运行状态。一般来说，典型的故障管理流程包括三个部分：故障定位、故障隔离和恢复供电。故障指示灯可提供加速故障定位过程和电源恢复过程的信息,分段开关能够隔离故障部分、减少中断的客户数量和中断时间，因此在配电网中布置故障指示灯和分段开关可以显著降低中断成本、提高可靠性。故障指示器与分段开关的配合可以提高配电网的自动化水平，为供电公司带来可观的效益。配电网发生故障后，分区交换机将正常区域与故障区域隔离，上行到故障区域的客户通过原路径恢复，下行到故障区域的客户通过交换机连接的备用路径恢复，故障指示灯通过向配电网运营中心提供故障电流信息直接参与故障定位过程，此外，故障指示器也提高了故障定位的速度。

维修人员根据故障指示灯提供的信息定位并修复故障，然后关闭分段开关，恢复对故障区域客户的供电。上行到故障区域的客户通过原路径恢复，中断时间由故障定位时间与修复时间之和变为交换机分段切换时间，下行到故障区域的客户通过连接交换机连接的备用路径进行恢复，中断时间由故障定位时间与修复时间之和变为连接交换机转移时间。故障区域内客户的中断时间为故障定位时间与修复时间之和。故障指示灯加速了故障定位过程，使得故障定位时间和故障区域内客户的中断时间大大减少，从而降低了中断成本，提高了可靠性。

分段开关分为两种，一种为需手动实现隔离的手动开关，另一种为远程执行隔离操作的远程控制开关。手动开关状态由维修人员手动改变，远程控制开关状态由配电网运营中心远程改变。因此，远程控制开关具有更短的开关时间，可以减少更多的中断时间和中断成本，但由于其价格昂贵，没有得到供电公司的优先选择和使用，供电公司首先考虑手动开关，当手动开关位置不能满足相关可靠性要求时，才会选择远程控制开关。

综上所述，设备价格和可靠性要求对故障指示灯和分段开关的配置有重要影响，其目标是找到故障指标和分段开关的数量和位置，使设备总成本和中断成本最低。

7.3.2 分段开关的预期中断成本计算

配电系统可靠性指标如系统平均停电持续时间指标、系统平均停电频率指标和预期中断成本等被供电公司广泛使用来衡量和量化系统运行。

预期中断成本包括直接经济损失和间接经济损失。直接经济损失是指供电企业由停电造成的收入减少。间接经济损失是指由中断造成的社会影响而造成的经济损失。直接经济损失通过综合售电收入来计量和量化，综合售电收入等于售电价格与供电成本之差。间接经济损失按产值与单位电能消耗的比值计算。设备成本由年度设备投资成本、年度设备安装费用以及设备年运行维护费用组成。

7.3.3　分段开关的优化配置方法

与配置手动开关相比，配置远程控制开关可以更有效地提高配电网的自动化水平和系统的可靠性。然而，远程控制开关的投资成本远高于手动开关。为了降低投资成本，供电公司优先选择和配置手动开关。为提高配电网的自动化水平和系统的可靠性，当手动开关的配置不能满足相关的可靠性要求时，应选择并配置远程控制开关。

配电网中存在对中断成本和电力系统可靠性有重大影响的位置，当这些位置都配备故障指示器和分段开关时，可以有效降低中断成本，提高电力系统的可靠性。与上述位置相比，配电网的其他位置为对中断成本和电力系统可靠性无显著影响，当这些位置都配备了故障指示器和分段开关时，中断成本不能有效降低，电力系统的可靠性也不能有效提高。通过建立模型，可以得到故障指示器和分段开关的最优配置数量和最优配置位置，得到的最优配置位置是对中断成本和电力系统可靠性有显著影响的设备配置位置。实际上，上述方法的目标函数是一个多目标函数，包括两个单目标函数，第一个单目标函数是最小化设备成本，第二个单目标函数是最小化中断成本。采用加权因子法求解多目标优化问题，可以使总成本最小。用该方法得到的方案可以使中断成本最小，因此所得的设备最优配置位置是对中断成本和电力系统可靠性有显著影响的位置。配电网中设置故障指示器和分段开关是降低中断成本、提高电力系统可靠性的有效措施之一，但设备的安置会增加设备成本，为使该方法的目标函数实现总成本最小化，即目标函数最小化，需要满足以下假设：

(1) 每个馈线作为一个径向馈线运行，在每个馈线的主线末端配置开关。

(2) 分段开关和故障指示灯无故障。

(3) 所有的错误都是永恒的。

(4) 所有故障都属于一阶故障。

(5) 忽略线路阻抗。

综上所述，分段开关通过将故障区域与非故障区域隔离，减少了缺供电量(energy not supplied，ENS)和中断时间。同时，连接开关与分段开关配合可加速故障定位过程，该方法能够较好地解决配电网故障指标器和分段开关的优化配置问题。

7.4　开关运行维护

7.4.1　配电网自动化开关全过程管理

配电网自动化是将配电网运行管理与自动化和通信等新技术结合在一起的一项工作。配电网本身具有多点、多用户以及线路结构不稳定的特点，另外，计算机和信息技术具有更新的特征。因此，配电设备运维的发展将成为配电网自动化系统应用的关键。

1. 验收的主要内容

试验前应该对整套设备进行全面的目视检查，验收的主要内容如下。

1) 交换设备的一般要求

(1) 设备整体结构完好无损。

(2) 铭牌内容正确完整，参数符合设计要求，并随附技术指标。

(3) 标志等正确、完整、规范，并符合国家电网有限公司配电网安全、卫生、环保设施标准的要求。

2) 配套隔离开关

(1) 目视检查。

绝缘支架没有裂缝、损坏或污垢。铸件应无裂纹、砂眼和腐蚀。

(2) 触点打开检查。

闭合时隔离片紧密接触，打开时应有不小于 200mm 的气隙。

(3) 安装检查。

① 裸露带电部分与地面的垂直距离不小于 4.5m。

② 引线连接应良好，每个组件的距离应符合规格要求。

③ 隔离开关防止动触点脱落的功能完好。

④ 根据需要使用铜和铝过渡线接线片，横截面面积为 120mm^2 及以上的电线使用压接接线片。

3) 配套的避雷器

(1) 外观检查。

① 外观完好无损。

② 三相避雷器的型号规格一致，符合设计要求。

(2) 安装检查。

① 避雷器排列整齐，高度一致。

② 上引线和下引线的铜导线横截面面积不小于 25mm^2。

③ 下引线可靠接地。

④ 安装位置与电压互感器高压侧之间的距离不超过 3m，以确保对避雷器的有效保护。

4) 柱上馈线自动化开关

(1) 外观检查。

① 开关全密封结构，本体无变形、锈蚀、涂层剥脱。

② 外绝缘套管无裂纹、破损、脏污现象。

③ 若开关为 SF6 开关，其气压应符合规定。

(2) 安装情况检查。

① 安装牢固可靠，引线接点和接地良好。

② 开关底部对地距离不小于 4.5m，但不宜过高，以便于运行人员操作。

③ 外壳接地符合规范要求，牢固可靠。

④ 按要求使用铜铝过渡线耳，横截面面积为 120mm^2 及以上的导线使用压接线耳。

⑤ 对分支分界开关(用户分界开关)的安装有方向性要求，开关安装的电源侧和负荷侧方向正确。

(3) 互感器检查。

① 型号规格、变比、精度、容量等参数符合设计要求，电流互感器严禁开路，电压互感器严禁短路。

② 一次、二次接线连接正确、可靠。

(4) 控制器检查。

① 无异声、异味，控制电缆和接地线连接正确可靠。控制器本体安装在所有 10kV 高压设备下方，与 10kV 裸露带电部分保持 1.5m 以上的安全距离。

② 控制器按馈线自动化开关整定通知单正确设置。

(5) 操作机构检查。

操作机构应灵活可靠。

(6) 与配电主站的联调。

① 开关安装完毕，就地手动分、合一次，配电主站端相应开关位置信号正确。

② 开关安装完毕，配电主站端遥控分、合一次，就地开关分、合动作正确。

③ 开关送电后，配电主站端开关的电压、电流等遥测量显示正确。

供电站结合了馈线和设备的日常检查，同时对配电终端、光缆进行现场检查，并对通信设备的外观进行检查。在重要的供电任务中，当面对恶劣的自然条件和其他特殊情况时，应进行有针对性的特殊检查。通信设备异常情况和光缆检查应上报系统运营部门通信检查处。

系统运营部门通过网络管理系统、配电主站监控配电网通信设备和通信通道的运行状态，能够对通信设备进行专业检查，及时发现异常情况并且定期统计在线费用。运营部门每季度组织一次配电网自动化系统信息验证工作，以确保配电主站数据库中的警报信号和其他信息与实际情况一致。测量中心应加强测量自动化终端设备的运行管理，提高测量自动化终端的上线率，进而提高配电网自动化系统中测量自动化数据的质量。信息中心应做好信息系统相关设备和网络的运维管理，确保与配电网自动化系统有关的信息系统正常运行，并配合数据库异常的处理。系统运营部的配电网调度监控人员发现配电网自动化系统异常时，应通知相应的运维部门进行跟进。配电网自动化通信系统对应的网管系统、通信光缆以及通信设备的故障和缺陷也应由系统运营部门管理。

供电站要配合检查处理。系统运营部门监视并记录配电终端的通信状态，对于出现通信故障的配电终端，首先与移动公司协调处理，若配电终端存在问题，则需要向供电站和相应的生产管理部门报告，使供电站组织人员到现场检查无线终端的运行情况，并联系制造商的有关人员、系统运营部门和信息中心来解决问题。

在分发自动化设备故障或缺陷处理、维护、测试等之前，可能会错误地发送信号，影响配电网调度监控，因此必须提前通知系统运营部门。配电网自动化系统影响通信光缆或设备正常运行的任务时，有必要提前通知系统运营部门的通信运营检查部门。

2. 操作数据的管理内容

操作数据的管理内容如下。

1) 由供电站管理和保存的运行数据

(1) 配电网自动化系统的技术数据(使用说明书、技术手册、接线图、证书等)。

(2) 安装和调试记录(调试表格、验收表格)。

(3) 固定值表、安装信息表。

(4) 设备运行记录(如动作记录、现场检查记录、设备故障和缺陷记录等)。

2) 由系统运营部门管理和保存的运营数据

(1) 软件信息(如配电终端维护软件、软件介质和软件维护记录等)。

(2) 配电主站和配电网自动化通信系统的运行记录(配电终端在线率、缺陷记录等)。

若现场设备由于技术改造和其他原因而发生变化，则必须及时修改和补充相关信息，并且必须保存文件。

7.4.2　配电网自动化开关运行维护

1. 开路

1) 开路检查及操作维护内容

(1) 检查主开关的外部绝缘部分(硅橡胶)是否完好无损、无污物和飞弧放电。

(2) 开关位置指示器应正确指示，开关位置到位。

(3) 整体紧固件不应松动或脱落。

(4) 主开关壳体或操作机构箱应完整、无腐蚀。

(5) 使用红外测温仪测量开关连接器和外壳的温度。

(6) 主开关的组件应无损坏、变形或严重腐蚀。

2) 常见故障的判断与处理

(1) 若在检查过程中发现飞弧放电，则应及时清除外部绝缘部件表面上的污垢，并确认是否需要更换。

(2) 若有零件松动，则应及时拧紧并固定。

(3) 若在检查过程中发现任何零件损坏或变形，则应及时记录并更换零件。

(4) 若发现接触面接触不良或负载过重而导致接触面变热，则应检查接触面是否被氧化及螺钉压接是否可靠。若被氧化，则应用砂纸清洁氧化物，添加导电油脂，并监视负载是否超过断路器的额定容量。

2. 负载开关

1) 检查及操作维护内容

(1) 检查主开关的外部绝缘部分(硅橡胶)是否完好无损、无污物和飞弧放电。

(2) 开关位置指示器应正确指示，开关位置到位。

(3) 整体紧固件不应松动或脱落。

(4) 主开关壳体或操作机构箱应完整、无腐蚀。

(5) 使用红外测温仪测量开关连接器和外壳的温度。

(6) 主开关的组件应无损坏、变形或严重腐蚀。

2) 常见故障的判断与处理

(1) 若在检查过程中发现飞弧放电，则应及时清除外部绝缘部件表面上的污垢，并确认是否需要更换。

(2) 若有零件松动，则应及时拧紧并固定。

(3) 若在检查过程中发现任何零件损坏或变形，则应及时记录并更换零件。

(4) 若发现接触面接触不良或过载，并且接触面很热，则应检查接触面是否被氧化及螺钉压接是否可靠。若被氧化，则应用砂纸清洁氧化物，添加导电油脂，并监视负载是否超过断路器的额定容量。

3. 互感器

1) 检查及操作维护内容

(1) 电力变压器不需要特殊维护，只需要定期除尘即可。通常，变压器上的灰尘厚度小于 0.2mm。

(2) 检查变压器外部和支撑部件是否有损坏、污垢或飞弧放电。

(3) 确保在操作过程中不会断开次级绕组，以防止变压器燃烧。

2) 常见故障的判断与处理

(1) 若在检查过程中发现飞弧放电，则应及时清除外部绝缘部件表面的污垢。

(2) 当电源侧的三相零序电压互感器在高压断路器中烧坏时，控制箱控制器无功率显示，控制器显示 PT_1 回路电压为 0，PT_1 输入测量控制框中的电源接线显示为 0；当负载侧变压器的保险丝烧毁时，控制器显示 PT_2 电路电压为 0，测量控制箱中的 PT_2 输入电源接线显示为 0。若在检查中发现上述问题，则必须拆除 PT 初级端子，并用手转动。打开保险丝顶盖，卸下并更换新的保险丝，依次安装保险丝顶盖和主接线。

4. 配电终端

1) 检查及操作维护内容

(1) 检查航空插头是否松动，并确保电缆接触良好。

(2) 检查设备电源，操作、通信等指示状态是否正常。

(3) 检查内部空气开关是否跳闸，内部保险丝是否烧断。

(4) 检查内部继电器是否松动。

(5) 应定期启动蓄电池以延长蓄电池的使用寿命，同时应及时发现和更换不良的蓄电池。

(6) 在操作设备期间，不允许随意按面板上的按钮。

(7) 不应随意更改系统配置参数。

(8) 在现场测试中，应注意电压电路短路和电流电路开路等情况。

(9) 接通设备电源后，不允许拆卸每个组件。

2) 运维内容

(1) 在现场采取安全措施。

(2) 检查端子的外观是否损坏。

(3) 断开控制和保护出口压力板。

(4) 检查端子控制电缆是否松动。

(5) 检查配电终端工作指示灯是否正常。

(6) 用万用表检查配电终端的工作电源是否正常。

(7) 用万用表检查配电终端电池的工作电压是否正常。

(8) 检查连接计算机后配电终端的三个远程数据是否正常。

(9) 检查电话通信及配电主站后台通信是否正常。

3) 常见故障的判断与处理

(1) 双电源切换功能异常：检查电源输入电压端子内部保险丝是否损坏、检查开关继电器是否松动或损坏。

(2) 备用电池电源异常：检查电池开关是否跳闸或断开、检查电池壳端子是否接触良好、检查电池是否损坏(长期停电使电池过度放电)、检查电源模块的充电输出是否正常。

(3) 遥测电压采集异常：检查电压采集端子内部保险丝是否损坏、检查电压收集端子连接是否松动或脱落。

参 考 文 献

[1] 闫磊, 李远, 赵文娜. 关于配网自动化终端布点优化的研究[J]. 国外电子测量技术, 2019, 38(10): 49-53.

[2] 陈东新, 武志刚. 基于非线性混合整数规划的配电终端布点优化研究[J]. 电气自动化, 2017, 39(2): 75-78.

[3] Zhou X, Zou S L, Wang P, et al. Voltage regulation in constrained distribution networks by coordinating electric vehicle charging based on hierarchical ADMM[J]. IET Generation, Transmission & Distribution, 2020, 14(17): 3444-3456.

[4] 戴文平. 配电自动化终端设备在电力配网中的应用探讨[J]. 科学与信息化, 2017, (11): 120-121.

[5] 陆荣超. 配电自动化终端设备在电力配网自动化的应用研究[J]. 通讯世界, 2018, 25(12): 179-180.

[6] 李明. 电力配网自动化中配电自动化终端设备的应用探讨[J]. 通讯世界, 2018, (4): 206-207.

[7] 刘械. 配电自动化终端设备在电力配网自动化的应用探讨[J]. 低碳世界, 2017, (26): 116-117.

[8] 黄伟. 电力配网自动化中配电自动化终端设备的应用探析[J]. 中国新技术新产品, 2016, (14): 4-5.

[9] 袁鼎发. 惠州配网自动化开关布点运行和维护研究[D]. 广州: 华南理工大学, 2017.

[10] 范东东. 智能开关在配网自动化系统中的应用与分析[J]. 技术应用, 2019, 26(8): 86-87.

[11] 陈朝. 配网自动化开关的运行维护与故障处理[J]. 集成电路应用, 2020, 7(6): 152-153.

[12] 刘磊. 配网自动化开关故障处理及运行维护[J]. 技术应用, 2019, 26(8): 114-115.

[13] 赵迅, 梁可君. GIS 技术在配网自动化建设中的应用[J]. 科技资讯, 2017, 15(4): 14-15.

[14] Jiang Z M, Cai J, Moses P S. Smoothing control of solar photovoltaic generation using building thermal loads[J]. Applied Energy, 2020, (277): 2-11.